Sitzungsberichte

der

mathematisch-naturwissenschaftlichen Abteilung

der

Bayerischen Akademie der Wissenschaften

zu München

1927. Heft III

November-Dezembersitzung

München 1927

Verlag der Bayerischen Akademie der Wissenschaften

in Kommission des Verlags R. Oldenbourg München

Sitzung am 5. November 1927.

1. Herr Broili berichtet über die

Erwerbung eines kleinen Nothosauriers aus den Arlberg-schichten (ladinische Stufe der Trias) des Bürserbergs bei Bludenz

durch die Staatssammlung für Paläontologie und historische Geo-logie. Das relativ gut erhaltene Skelett ist der vollständigste bis jetzt in den Nordalpen gefundene Reptilrest und eine neue Form, welche zu dem aus der Trias der Lombardei bekannten Macro-merion nahe Verwandtschaft besitzt.

2. Herr Broili macht Mitteilung über eine von ihm entdeckte

Fauna im Muschelkalk der Berchtesgadener Trias-Ent-wicklung aus der Nähe von Saalfelden,

welche an Reichhaltigkeit das bekannte Muschelkalk-Vorkommen von Reutte in Tirol übertrifft und neben anderen eine Hallstätter Cephalopoden-Fauna beherbergt.

(Beide Arbeiten erscheinen in den Sitzungsberichten.)

3. Herr Sommerfeld berichtet

Über die Elektronentheorie der Metalle.

Die Voraussetzungen der klassischen Elektronentheorie werden un-geändert beibehalten, aber nach den neuen Methoden der wellen-mechanischen (Fermi'schen) Statistik behandelt. Die Schwierig-keiten der klassischen Elektronentheorie scheinen auf diesem Wege vermieden zu werden. Eine vorläufige Note über die Resultate ist in den „Naturwissenschaften" erschienen; eine ausführliche Dar-stellung wird an anderer Stelle folgen.

4. Herr v. Frisch berichtet kurz über eine Arbeit von Scharrer, die ausführlich in der Zeitschrift für vergl. Physiologie erscheinen wird: Ellritzen reagieren auch noch nach vollständigem Verlust beider Augen auf Licht: sie färben sich bei Belichtung dunkel und bei Verdunkelung hell, ja sie lassen sich auf Lichtreize dressieren. Bringt man sie nämlich in einem durch konstante Belichtung schwach erhellten Raum unter und belichtet man sie kurz vor jeder Fütterung und während derselben mit einer stärkeren Lampe, so lernen sie in wenigen Tagen, daß die Belichtung für sie „Futter" bedeutet: sie reagieren dann schon auf den Lichtreiz allein ohne Anwesenheit von Futter; sie suchen auf die Belichtung hin das Futter, schnappen nach allen Seiten und springen sogar aus dem Wasser, wenn sie gewohnt sind, das Futter an der Oberfläche zu erhalten. Diese Reaktion wird nicht durch einen allgemeinen „Hautlichtsinn" vermittelt, sondern sie läßt sich nur von einer bestimmten Stelle des Kopfes auslösen, die der Lage des Zwischenhirnes entspricht. Hier ist bei Reptilien das Parietalorgan, welches man auf Grund seines Baues schon lange als rudimentäres Auge anspricht. Das bei Fischen an der entsprechenden Stelle liegende Parietalorgan (Pinealorgan, Epiphyse) steht auf einer primitiveren Stufe und hat keine Augenähnlichkeit. Exstirpationsversuche an Ellritzen lehren, daß die Lichtempfindlichkeit nicht auf dieses Parietalorgan beschränkt ist, sondern anscheinend dem ganzen Zwischenhirn zukommt. Dieser Befund ist mit Rücksicht auf die Entwicklung der Seitenaugen als Ausstülpungen des embryonalen Zwischenhirns von theoretischem Interesse. —

Die physiologische Leistung des Zwischenhirnes als Lichtsinnesorgan wurde genauer analysiert. Besonders bemerkenswert ist seine Adaptationsfähigkeit und die Empfindlichkeit, mit der es auf außerordentlich geringe Lichtstärken anspricht.

5. Herr C. Carathéodory legt für die Sitzungsberichte vor eine Abhandlung von Joh. Radon

Über die Oscillationstheoreme der konjugierten Punkte beim Problem von Lagrange.

Die Oscillationstheoreme, die bei dem Problem der konjugierten Punkte in der Variationsrechnung auftreten, waren bisher, für den Fall, daß Differentialgleichungen als Nebenbedingungen vorhanden sind, nur über einen Umweg, nämlich mit Benutzung der Theorie der zweiten Variation, bewiesen worden. In der vorliegenden Arbeit ist es Herrn Radon gelungen, den komplizierten Sachverhalt auf direktem Wege zu beweisen; dies hat er dadurch erreicht, daß er von den kanonischen Differentialgleichungen des Variationsproblems konsequent Gebrauch macht, und auch dadurch, daß er die Rechnung mit Hilfe des Matrizenkalküls sehr übersichtlich gestalten konnte.   (Erscheint in den Sitzungsberichten.)

6. Herr v. Dyck legt eine Note des korrespondierenden Mitgliedes Friedrich Schur, Breslau vor

„Über den Hauptsatz der Polarentheorie der Kegelschnitte."

(Erscheint in den Sitzungsberichten.)

Sitzung am 3. Dezember 1927.

1. Herr S. Finsterwalder legt vor eine Abhandlung von Herrn O. Volk in Kaunas, Lithauen

Über diejenigen Rotationsflächen, auf denen drei Systeme von kongruenten geodätischen Linien ein Dreiecksnetz bilden.

Es wird gezeigt, daß diejenigen Rotationsflächen, auf denen neben den drehsymmetrischen Dreiecksnetzen noch andere ausgezeichnete Dreiecksnetze bestehen, die aus drei Systemen von kongruenten, nach einem Logarithmus des Drehwinkels aufeinanderfolgenden, geodätischen Linien gebildet werden, die einzigen sind, auf denen solche ausgezeichnete, geodätische Dreiecksnetze möglich sind.

(Erscheint in den Sitzungsberichten.)

2. Herr F. Lindemann spricht über

„Fabri, Barrow und Leibniz".

Es wird gezeigt, daß die von Newton und seinen Freunden gegen Leibniz erhobenen Vorwürfe des Plagiats mehr noch als man bisher schon annahm, auf unzureichender Kenntnis der Tatsachen beruhen.   (Erscheint in den Sitzungsberichten.)

Verzeichnis
der im Jahre 1926 eingelaufenen Druckschriften.

Die Gesellschaften und Institute, mit welchen unsere Akademie in Tauschverkehr steht, werden gebeten, nachstehendes Verzeichnis als Empfangsbestätigung zu betrachten.

Aachen. Geschichtsverein:
— — Zeitschrift, Bd. 46 (1924).

Aarau. Historische Gesellschaft des Kantons Aarau:
— — Argovia 41 (1926).

Agram. Südslav. Akademie der Wissenschaften:
— — Ljetopis 39.
— — Rad 232.
— — Rječnik 41.
— — Prirodoslovna istrazivja 13—15.
— — Zbornik 23—26, 1.

Aix. Société d'études Provençales:
— — Annales de Provence 19, 1—4. 20, 1—4.

Albany. New York State Library:
— — Annual Report of Education Departm. 21 (1925).
— — Bulletin New York State Museum 268—271.

Allegheny. Observatory:
— — Publications 6, 6. 7.

Altenburg. Naturforsch. Gesellschaft des Osterlandes:
— — Mitteilungen 17—19.

Amsterdam. Academie van Wetenschappen:
— — Verslagen (math.-nat. Afd.) 33, 1. 2.
— K. N. aardrijkskundig Genootschap:
— — Tijdschrift, deel 43, 4—6.
— Wiskundig Genootschap:
— — Nieuw Archief, 15, 2.
— — Wiskundige Opgaven 14, 1.
— — Revue des publications mathématiques 32, 1.

Amsterdam. Astronomical Institute of the University:
— — Publications 1.
— Nederl. botanische Vereeniging:
— — N. kruidkundig Archief 1925.
— — Recueil des travaux botaniques 23, 1. 2.

Ann Arbor. University:
— — Papers 5.
— — Studies (Hum. Ser.) 10. 16. Scient. Ser.) 4.
— — Engineering Research Bulletin 1—3.

Antwerpen. Archiv:
— — Archievenblad 2. R. 1, 1. 2.

Athen. Akademie:
— — Praktika 1926, 1.
— Wissenschaftliche Gesellschaft:
— — Athena 37.

Augsburg. Histor. Verein für Schwaben und Neuburg:
— — Zeitschrift 46 (1926).
— Naturwissenschaftl. Verein:
— — Bericht 44. 45.

Baltimore. John Hopkins University:
— — Journal of mathematics 47, 3. 4.
— — Journal of philology 182—185.
— — Studies in historical and political Science 43.

Bamberg. Histor. Verein:
— — Jahresbericht 78.

Barcelona. R. Academia de ciencias y artes:
— — Boletin 5, 2. 3.
— — Memorias 19, 12—14.
— — Nomina de personel 1925—26.
— Institut d'estudis Catalans:
— — Biblioteca filologica 16.
— — Butlleti de dialectologia Catalana 1925 Januar—Juni.
— — Fauna de Catalunya. Entom. 2.

Bar-le-Duc. Société des lettres, sciences et arts:
— — Mémoires Ser. 5 t. 1.

Basel. Schweizerische chemische Gesellschaft:
— — Helvetica chimica acta 8. 9.
— Historisch-antiquarische Gesellschaft:
— — Basler Zeitschrift 25.
— Naturforschende Gesellschaft:
— — Verhandlungen 36.
— Universitätsbibliothek:
— — Jahresverzeichnis der Schweizer Univ.-Schriften 1924/25.
— — Dissertationen 1925. 1926.

Bastia. Société des sciences histor. et naturelles:
— — Bulletin 361—363.

Batavia. Topographischer Dienst:
— — Jaarverslaag 21 (1925).
— Batav. Genootschap van Kunsten en Wetenschappen:
— — Verhandelingen 66.
— — Tijdschrift voor Ind. taal-land-en volkenkunde 66, 1—3.
— — Oudheidkundig verslag 1925.
— Magnet.-meteorol. Observatorium:
— — Regenwarnemingen 1923—25.
— — Verhandelingen 18.
— — Observations 44.
— Naturkundige Vereenigung in Nederlandsch-Indie:
— — Tijdschrift 86, 2.
— — Topogr. Karte von Idjen Hochland.

Belgrad. Serbische Akademie der Wissenschaften:
— — Godisnjak 31—33.
— — Zbornik istorijski 12—13.
— — Bibliographie du royaume des Serbes 1, 4—9. 11. 12.
— — Éditions speciales 50.

Bergen. Museum:
— — Aarbok Register 1883/1925.
— — Saro, Crustacea 9, 13—14.
— — Skrifter 3, 2.

Berkeley. University:
— — Bulletin 18, 5. 6. 19, 7.
— — Bulletin of College of Agriculture 392—402.
— — Chronicle 28, 1. 2.
— — Hilgardia 1, 1—15.
— — Memoirs 7.
— — Publications American Archaeology 22, 2. 23, 1.
— —   „   Botany 13, 5—7.
— —   „   Engineering 2, 6. 7.
— —   „   Entomology 3, 2—5.
— —   „   Geography 2, 2. 3.
— —   „   Geology 16, 1—4.
— —   „   History 14, 1. 2. 15.
— —   „   Mathematics 2, 1—3.
— —   „   Classical Philology 8, 1. 2. 9, 1.
— —   „   Modern Philology 13, 2. 3.
— —   „   Semitic Philology 7, 1.
— —   „   Philosophy 7.
— —   „   Psychology 3, 3. 4.
— —   „   Zoology 27, 1. 28, 1—21.

Berlin. Akademie der Wissenschaften:
— — Abhandlungen phil.-hist. Kl. 1926.
— —   „   phys.-math. Kl. 1925.
— — Sitzungsberichte phil.-hist. Kl. 1926.
— — —   „   physik.-math. Kl. 1926.
— — Polit. Korresp. Friedr. d. Gr. 39.
— — Corpus inscriptionum latinarum 11, 2, 2.
— Gartenbaugesellschaft:
— — Gartenflora 1926.
— Deutsche Chemische Gesellschaft:
— — Berichte 59.
— Allg. Elektrizitäts-Gesellschaft:
— — Geschäftsbericht 1925/26.
— — Zum Gedächtnis Gg. Klingenberg.
— Deutsche Geologische Gesellschaft:
— — Abhandlungen 78.
— — Monatsberichte 1926.
— Landwirtschaftliche Hochschule:
— — Dissertationen 1926.
— Deutsches Archäologisches Institut:
— — Jahrbuch 41, 1. 2.
— — Mitteilungen. Röm. Abt. 40.
— — Mitteilungen. Athen. Abt. 49.
— Meteorologisches Institut:
— — Veröffentlichungen 340—343.
— — Archiv des Erdmagnetismus 4.
— Preußische Geologische Landesanstalt:
— — Abhandlungen 98.
— — Jahrbuch 45. 46.
— Astronomisches Recheninstitut:
— — Berliner Astronomisches Jahrbuch 1928.
— — Kleine Planeten 1927.
— — Veröffentlichungen 45.
— Universitätssternwarte:
— — Veröffentlichungen 6, 2.
— — Kleine Veröffentlichungen 1.
— Verein für die Geschichte Berlins:
— — Mitteilungen 1926.
— Zeitschrift für Instrumentenkunde:
— — Zeitschrift 46.
— Zentralstelle für Balneologie:
— — Veröffentlichungen N.F. 1—4.
— — Zeitschrift für wissensch. Bäderkunde 1926, 1—5.

Bern. Historischer Verein des Kantons Bern:
— — Archiv 28, 2.
— Schweizer Naturforschende Gesellschaft:
— — Actes 106.
— — Neue Denkschriften 62. 63.

Beuron. Erzabtei:
— — Benediktinische Monatsschrift 8.

Beyrouth. Université de St. Joseph:
— — Mélanges de la faculté Orientale 11.

Birmingham. Natural history and philosophical Society:
— — Proceedings 15, 2 — 5. 11.
— — Annual Report 1925. 1926.

Bologna. Accademia:
— — Memorie. Sez. di sc. stor. 5—7.
— —   „   „   „   „ giurid. 8—9.
— —   „   Classe di sc. fisiche 8, 1. 2.
— — Rendiconto Cl. di scienze morali 9.
— —   „   „   „   „   fisiche 29.
— R. Deputazione di storia patria per le prov. di Romagna:
— — Atti e memorie 13. 14. 16.

Bonn. Verein von Altertumsfreunden im Rheinland:
— — Sitzungsberichte 1925.
— — Verhandlungen 83.

Bordeaux. Société des sciences physiques et naturelles:
— — Procès-verbaux 1912—13.

Boston. American Academy of arts and sciences:
— — Proceedings 60, 10—14. 61, 1—11.
— Museum of Fine Arts:
— — Bulletin 143—147.
— Society of Natural History:
— — Proceedings 37, 2—4. 38, 1—3.

Braunsberg. Akademie:
— — Verzeichnis der Vorlesungen 1926 W.- u. S.-S.

Braunschweig. Verein für Naturwissenschaften:
— — Jahresbericht 19.

Bremen. Meteorol. Observatorium:
— — Jahrbuch 1921. 1923. 1924. 1925.
— Naturwissenschaftlicher Verein:
— — Abhandlungen 26, 1.
— Wissenschaftliche Gesellschaft:
— — Abhandlungen und Vorträge 1, 1.

Brescia. Ateneo:
— — Commentari 1925.

Breslau. Schlesische Gesellschaft für vaterländische Kultur:
— — Jahresbericht 98.
— Sternwarte:
— — Veröffentlichungen 3.

Brisbane. R. Society of Queensland:
— — Proceedings 37.

Brünn. Mährisches Landesmuseum:
— — Casopis 16.
— — Zeitschrift 17.
— Verein für die Geschichte Mährens und Schlesiens:
— — Zeitschrift 28.
— Naturforschender Verein:
— — Verhandlungen 59.
— Masarykovy University:
— — Spisy 70—79.
— — Publications de la Faculté de Médécine 1. 2. 3.
— —   „   Biologiques 1—4.
— — Bulletin de l'École sup. d'agronomie C 1—8. D 1—3.

Brüssel. Société des Bollandistes:
— — Analecta Bollandiana 44, 1—4.
— Jardin botanique:
— — Bulletin 5—10.
— Musée R. d'histoire naturelle:
— — Bulletin 1—5.
— — Annales 1—14.
— — Mémoires 32.

Budapest. Akademie:
— — Mathem. und naturwissenschaftl. Berichte aus Ungarn 33.
— — Chalcondylas: Historiarum demonstrationes 1. 2, 1.
— Bibliophilen-Gesellschaft:
— — Magyar bibliofil Szemle 1, 1—4. 2, 1—3.
— Statistisches Bureau:
— — Jahrbuch 13.
— Ethnographische Gesellschaft:
— — Népélet N.F. 1—3.
— Geographische Gesellschaft:
— — Mitteilungen 54.
— Gesellschaft für Naturwissenschaften:
— — Közlemények Botanikai 22. 23.
— —   „   Allatani 22, 1—4. 23, 1. 2.
— Philosophische Gesellschaft:
— — Athenaeum 12, 1—6.
— Protest. liter. Gesellschaft:
— — Protestans szemle 34. 35.

Budapest. Geologische Reichsanstalt:
— — Földtani Közlöny 54.
— Ornitholog. Institut:
— — Aquila 32. 33.
— Nemzeti Museum:
— — Magyar Jogi Szemle 7, 1—10.

Buenos Aires. Ministerio de agricultura:
— — Boletin B 33. 34. D 14. F 6.
— —. Direccion de minas. Publication 1—22.
— Museo Nacional:
— — Anales 33.
— Sociedad cientifica:
— — Anales 101.

Buitenzorg. Department van landbouw:
— — Mededeelingen van het allg. Proefstation 21. 22.
— —   „   voor thee 95—98.
— —   „   van Inst. voor plantenziekten 66— 69.

Bukarest. Academia Română:
— — Memoriile (sect. hist.) 4.
— — Memoriile (sect. scient.) 3, 2.
— — Bulletin (sect. scient.) 10.
— — Publ. fond. Adamachi 4—8.
— —   „   „   Alina Stirbei 12.
— — Diu vieta poporul. român. 8—33.
— — Studii și cercetari 7—10.
— — Mehrere Einzelwerke.

Caen. Société Linnéenne de Normandie:
— — Bulletin 7. Ser. 5. 6.
— — Mémoires 25.

Calcutta. Indian Museum:
— — Records 27, 5. 6 u. App. 28, 1—4.
— R. Asiatic Society:
— — Journal and proceedings 21, 1—3.
— — Memoirs 10, 1.
— Indian Chemical Society:
— — Quarterly Journal 3.
— Mathematical Society:
— — Bulletin 16.
— Geological Survey:
— — Records 58, 4. 59, 1—3.

Cambridge. Observatory:
— — Annales 102. 103.

Cambridge. Antiquarian Society:
— — Publications 50.
— — Proceedings 73—75.

Cambridge (Mass). Peabody Museum:
— — Papers 11, 1. 2.
— Museum of compar. zoology:
— — Bulletin 67, 10—15.
— Astronomical Observatory:
— — Annals 100, 2.
— — Bulletin 835—843.
— — Circulars 292—297.
— — Annual Report 79. 80.

Catania. Società di storia patria per la Sicilia orientale:
— — Archivio 21—22.

Charkow. Universitäts-Bibliothek:
— — Sapisky 1915—1917.

Chicago. Wilson Ornithol. Club:
— — Wilson Bulletin 35. 36.
— — Laboratory Bulletin 42—48.
— John Crerar Library:
— — Report 29. 30. 31.
— Field Museum of Natural History:
— — Publications 235.
— — Leaflet 1—21.
— — Anthropology Memoirs 1, 1.

Cincinnati. University Library:
— — Record 19, 3 — 22, 3.

Claremont. Pomona College:
— — Journal of entomology 18.

Clermont-Ferrand. Revue de l'Auvergne 41.

Cleveland. Archaeological Institute:
— — Americ. Journal of archaeology 30.

Coimbra. O Instituto. Redaccão:
— — O Instituto 73.

Colmar. Naturhistorische Gesellschaft:
— — Mitteilungen N. S. 15.

Columbia. University Library:
— — Mathematic Series 1, 1.
— — Literary and linguistic Series 1. 2.
— — University Studies 1, 1. 2. 3. 4.

Columbus. American Chemical Society:
— — Journal 48.

Concarneau. Laboratoire maritime:
— — Travaux scientifiques 4, 6—8.

Cordoba. (Argentinien.) Academia nacional de ciencias:
— — Boletin 28, 1—4.
— — Miscellanea Nr. 7—9. 12.
— Federacion Universitaria:
— — Revista del centro estud. de Farmacia 1, 1—5.

Danzig. Westpreußischer Geschichtsverein:
— — Mitteilungen 25.
— — Zeitschrift 66.
— Westpreuss. bot.-zool. Verein:
— — Bericht 48.

Darmstadt. Historischer Verein für Hessen:
— — Archiv für hess. Geschichte 14.

Dessau. Verein für Anhalt. Geschichte und Altertumskunde:
— — Anhaltische Geschichtsblätter 2.

Dijon. Académie des Sciences:
— — Bulletin 1924 Jan. — Aug.

Dinkelsbühl. Historischer Verein:
— — Alt-Dinkelsbühl 12.

Disko. Danske arktische Station:
— — Nummer 11. 12.

Donaueschingen. Verein für Gesch. und Naturgesch. der Baar:
— — Schriften 16.

Dorpat. Gelehrte Naturforschende Gesellschaft:
— — Schriften 22—24.
— — Sitzungsberichte 33.
— Observatorium:
— — Terminfahrten 1923—24.
— Universitätsbibliothek:
— — Acta et commentationes A 3—8. B 3—6.

Dresden. Sächsische Landeswetterwarte:
— — Deutsches meteorologisches Jahrbuch 43.
— Journal für praktische Chemie:
— — Journal 1926.

Dublin. Royal Irish Academy:
— — Proceedings 37 A 2—6. B 9. C 4—8.
— Royal Dublin Society:
— — Scientific Proceedings 18, 17—28.

Dünkirchen. Société Dunkerquoise:
— — Memoires 60.

Edinburgh. R. Botanical Garden:
— — Notes 73.
— Mathematical Society:
— — Proceedings 44, 1. 2.
— Royal Society:
— — Proceedings 46.
— — Transactions 54, 2. 3.

Eisenberg. Geschichts- und altertumsforsch. Verein:
— — Mitteilungen 37. 38.

Frankfurt a. M. Senckenbergische Bibliothek:
— — Verzeichnis der lauf. ausl. Zeitschr. 1925.
— Senckenbergische naturforsch. Gesellschaft:
— — Senckenbergiana 8, 1. 2.
— — Bericht 56, 1—9.
— Römisch-german. Kommission des „Deutschen archäolo-
    gischen Instituts":
— — Germania 8. 9. 10.
— Physikalischer Verein:
— — Jahresbericht 1919—25.

Frauenfeld. Thurgauische Naturforsch. Gesellschaft:
— — Mitteilungen 26.

Freiburg i. Br. Naturforschende Gesellschaft:
— — Berichte 26.
— Breisgau-Verein „Schau ins Land":
— — „Schau ins Land" 51/53.
— Kirchengeschichtlicher Verein:
— — Freiburger Diözesanarchiv 53.
— Universitätsbibliothek:
— — Dissertationen 1926.

Fulda. Landesbibliothek:
— — Geschichtsblätter 18.
— — Veröffentlichung 17. 18.

Geestemünde. Männer vom Morgenstern:
— — Mitteilungen 6.
— — Johannes Rode: Registrum 1926.

Geneva. U. St. Agricultural Experiment Station:
— — Bulletin 531—536.
— — Technical Bulletin 114—121.

Genf. Journal de chémie physique:
— — Journal 23.
— Musée d'Art et d'Histoire:
— — Bulletin 4.
— Société de physique et d'histoire naturelle:
— — Comptes rendus 43.

Genf. Universitätsbibliothek:
— — Thesen 1925.

Giessen. Oberhessischer Geschichtsverein:
— — Mitteilungen 26. 27.
— Oberhessische Gesellschaft für Natur- und Heilkunde:
— — Bericht d. naturwiss. Abt. 10.
— Universitätsbibliothek:
— — Schriften der hessischen Hochschulen 1925.

Glasgow. Geological Society:
— — Transactions 17.

Görlitz. Naturforschende Gesellschaft:
— — Abhandlungen 29, 2. 3.

Göteborg. Högskola:
— — Handlingar 29.

Göttingen. Gesellschaft der Wissenschaften:
— — Abhandlungen der phil.-hist. Klasse 18, 2. 19, 1.
— — Gelehrte Anzeigen 188, 1—6.
— — Nachrichten der phil.-hist. Klasse 1925, 2. 1926, 1.
— — Nachrichten der mathem. Klasse 1925, 2. 1926, 1.
— — Geschäftliche Mitteilungen 1925/26.
— — Septuaginta: Genesis 1926.

Granville. Scientific Association of Denison University:
— — Bulletin 21, 5—7.

Graz. Historischer Verein der Steiermark:
— — Zeitschrift 21.
— Universitätsbibliothek:
— — Inauguration des Rektors 1925/26.

Greifswald. Rügisch-pommerscher Geschichtsverein:
— — Pommersche Jahrbücher 23.

Greiz. Verein der Naturfreunde:
— — Abhandlungen und Berichte 7.

Grénoble. Université:
— — Annales Sect. Lettres — Droit 2, 2. 3. 3, 1. 2.
— — Annales Sect. Sciences — Médecine 2, 2. 3. 3, 1. 2.

Groningen. Verlag Wolters:
— — Neophilologus 11.

Guben. Gesellschaft für Anthropologie und Altertumskunde:
— — Niederlausitzer Mitteilungen 16, 1. 2. 17, 1. 2.

Haag. K. Instituut voor de taal-, land- en volkenkunde van Nederlandsch-Indie:
— — Bijdragen 82, 1. 3. 4.
— — Naamlijst 1926.

Haarlem. Hollandsche Maatschappij der wetenschappen:
— — Archives Néerlandaises Ser. 3 A 10, 1. B 4, 2. C 11, 1. 3.
— — Oeuvres de Huygens 5.

Halle. K. Leopoldinisch-Karolinische Deutsche Akademie der Naturforscher:
— — Leopoldina Bd. 1. 2.
— Deutsche Morgenländische Gesellschaft:
— — Zeitschrift 80.
— Verlag Wilhelm Knapp:
— — Metall und Erz 22. 23.
— Naturwissenschaftlicher Verein für Sachsen und Thüringen:
— — Zeitschrift für Naturwissenschaften 87, 5. 6.
— Thüringisch-sächsischer Verein für Erforschung der vaterländischen Altertümer:
— — Zeitschrift für Geschichte und Kunst 13.
— Universitätsbibliothek:
— — Dissertationen 1926.

Hamburg. Bibliothek Warburg:
— — Vorträge 1923/24.
— — Studien 7. 13.
— Stadt- und Universitätsbibliothek:
— — Mitteilungen aus dem Mineralog.-geolog. Staatsinstitut 8.
— — Universitätsschriften 1926.
— — Verhandlungen zwischen Senat und Bürgerschaft 1925.
— Hauptstation für Erdbebenforschung:
— — Monatliche Mitteilungen 1926.
— Deutsche Seewarte:
— — Annalen der Hydrographie 54.
— — Aus dem Archiv 43.
— — Jahresbericht 48.
— Verein für Hamburgische Geschichte:
— — Mitteilungen 41.
— — Hamburgische Geschichts- und Heimatblätter 1, 2—4.
— — Zeitschrift 27.

Hanau. Geschichtsverein:
— — Hanauer Geschichtsblätter 6.
— — Hanauisches Magazin 5.

Hannover. Naturhistorische Gesellschaft:
— — Jahresbericht des niedersächs. geol. Vereins 13—16.
— Technische Hochschule:
— — Dissertationen 1926.
— Verein für Geschichte der Stadt Hannover:
— — Hannoversche Geschichtsblätter 28.
— Historischer Verein für Niedersachsen:
— — Niedersächsisches Jahrbuch 2. 3.

Hartford. Geolog. and Natural History Survey:
— — Bulletin 36. 37.

Heidelberg. Akademie der Wissenschaften:
— — Abhandlungen math.-naturw. Kl. 12. 13.
— — Sitzungsberichte der philos. Kl. 1925/26.
— — Sitzungsberichte der math.-naturwiss. Kl. 1926.
— Historisch-philologischer Verein:
— — Neue Heidelberger Jahrbücher N. F. 1926.

Helgoland. Biologische Anstalt:
— — Meeresuntersuchungen. Abt. Kiel 20, 1. Abt. Helgoland 16, 1.

Helsingfors. Finnische Akademie der Wissenschaften:
— — Annales Ser. B. 17.
— Finnische Altertumsgesellschaft:
— — Suomen Museo 32.
— — Tidskrift 35.
— Commission géologique:
— — Bulletin 76.
— Finnländische Gesellschaft der Wissenschaften:
— — Acta 50, 7–15.
— — Årsbok 4.
— — Commentationes phys.-mathematicae 2, 19—30.
— — Commentationes human. liter. 1, 3—5.
— Finska forstsamfundet:
— — Acta forestalia 28—30.
— Historische Gesellschaft:
— — Arkisto 35.
— Societas zoologico-botanica Fennica:
— — Annales 3. 4.
— Universitätsbibliothek:
— — Schriften 1925/26.
— Zentralanstalt für Meteorologie:
— — Mitteilungen 1—16.

Hermannstadt. Siebenbürgischer Verein für Naturwissenschaften:
— — Verhandlungen 75. 76.
— Verein für siebenbürgische Landeskunde:
— — Archiv 42, 1. 2. 3.

Hyderabad. Observatory:
— — Publications 5.

Indianapolis. Academy of sciences:
— — Proceedings 1925.

Innsbruck. Ferdinandeum:
— — Veröffentlichungen 5.

Irkutsk. Geogr. Gesellschaft:
— — Izwestija 47. 48, 1.

Jassy. Societatea de stinti:
— — Annales 14, 1. 2.
Jena. Medizinisch-naturwiss. Gesellschaft:
— — Jenaische Zeitschrift für Naturw. 62.
— Verein für thüringische Geschichte:
— — Zeitschrift 26.
Jerusalem. Universität:
— — Kirjath Sepher 2. 3.
Johannisburg. Union Observatory:
— — Circular 66—70.
Jowa City. University:
— — Studies in natural history 11, 6—8.
— — Studies in physics 2, 3.
— — Studies in psychology 9. 10.
— — Studies in child welfare 3, 3.
Kapstadt. R. Society of South Africa:
— — Transactions 13, 4. 14, 1. 2.
Karlsruhe. Technische Hochschule:
— — Vorlesungsverzeichnis 1926.
— — Bericht über das Rektoratsjahr 1925/26.
— Badische Historische Kommission:
— — Zeitschrift für Geschichte des Oberrheins 40, 1. 3.
— Naturwissenschaftlicher Verein:
— — Verhandlungen 27. 28. 29.
Kasan. Physikal.-mathematische Gesellschaft:
— — Bulletin 3. S. T. 1.
Kaufbeuren. „Heimat":
— — Deutsche Gaue 1926.
Kiel. Gesellschaft für schleswig-holsteinische Geschichte:
— — Zeitschrift 56.
— — Regesten und Urkunden 4, 1. 2.
Kiew. Academie des sciences:
— — Sbirnik 37. 38. 41. 45.
— — Ukraina 1926.
— — Mehrere Einzelwerke.
Klagenfurt. Landesmuseum:
— — Carinthia 116, II.
Köln. Histor. Archiv der Stadt Köln:
— — Mitteilungen 38.
Königsberg. Physik.-ökonom. Gesellschaft:
— — Schriften 64, 2.
— Gelehrte Gesellschaft:
— — Schriften Geisteswiss. und naturwiss. Klasse je Jg. 1.
— Sternwarte:
— — Astronomische Beobachtungen 44.

Konstantinopel. Institut d'histoire turque:
— — Revue historique 14, 15. 16.

Kopenhagen. Akademie der Wissenschaften:
— — Oversigt 1925/26.
— -- Meddelelser Biologiske 5.
— --   „   Hist.-filol. 11.
— —   „   Mathem.-phys. 7.
—- — Skrifter (Naturvidenskab. Afd.) 9. 10, 2 5.
— Carlsberg-Laboratorium:
— — Comptes-rendus 16, 1 – 9.
— Gesellschaft für nordische Altertumskunde:
— — Mémoires 1926—27.
— Dansk Naturhistorisk förening:
— — Meddelelser 81. 82.
— Astronomisches Observatorium:
— -- Publikationer 54—57.

Krakau. Akademie:
— -- Anzeiger (Cl. de philol.) 1925, I.
— — Anzeiger (Cl. des sciences) 1926.
—- — Prace i mat. antropol. 1—4.
— — Prace komis jezykow 3—13.
— — Prace komis. orient. 1—9.

Kuraschiki (Japan). Ohara-Institut für Landwirtschaft:
— — Berichte 3, 1. 2.

Kyoto. University:
— — Acta scholae medicinalis 8, 1—3.
— — Memoirs of the college of science 3, 9. 10. 4, 1—4.

Landshut. Historischer Verein:
— — Verhandlungen 58.

La Plata. Universidad Nacional:
— — Contribucion a l'estudio de las ciencias Ser. mat. 3.
— — Publicaciones de la Faculd. de ciencias fisico-mat. 69. 71. 72.

Lausanne. Société Vaudoise des sciences naturelles:
— — Bulletin 217. 218.
— — Mémoires 2, 4—7.

Lawrence. University of Kansas:
— — Science Bulletin 15. 16.

Leeds. University:
— — Proceedings Scientif. Sect. 1, 1. 2. Hist. Sect. 1, 1. 2.

Leiden. Physikalisches Laboratorium der Universität:
— — Communications 176 – 183. Suppl. 54 – 60.
— Niederländisches Kultusministerium:
— — Bijdragen voor vaderlandsche geschiednis R. 6, 4.
— -- Mnemosyne 54.
— — Museum 33.

Leipzig. Akademie der Wissenschaften:
— — Abhandlungen der phil.-hist. Klasse 38, 2.
— — Abhandlungen der math.-phys. Klasse 39, 5. 6.
— — Berichte der phil.-hist. Klasse 78, 1—3.
— — Berichte der math.-phys. Klasse 78, 1—3.

Lemberg. Institut Ossolinski:
— — Eine Reihe selbständiger Bücher.
— Sevčenko-Gesellschaft:
— — Archiw ukrainsko-russkii 13—15.
— — Chronik 60 – 68.
— — Fontes historiae Ukrainicae 16.
— — Mitteilungen 134—143.
— — Sbirnik 23—25.
— — Sbirnik filol. sekt. 16—21.
— — Sitzungsberichte der math. Sekt. 1 – 5.
— Société des Naturalistes „Kopernik":
— — Kosmos 1, 1. 2, 50. 4, 50.
— Wissenschaftliche Gesellschaft:
— — Etudes sur l'histoire du droit polonais 7. 8, 1—4.
— — Archiwum A 3, 1. C 3, 20. 4, 1—5.
— — Studya nad historya 10, 1.
— Verein für Volkskunde:
— — Schriften Ser. 2 t. 4.

Leningrad. Akademie der Wissenschaften:
— — Bulletin 1926.
— — Isvestija 30. 31.
— — Geologisches Museum Trudy 1. 2.
— — Zoologisches Museum Annuaire 26.
— — Byzantina Chronika 24.
— — Travaux sur le radium 1. 2.
— Comité géologique:
— — Mémoires 134—136. 143. 144. 150. 154. 167. 168.
— Botanischer Garten:
— — Bulletin 24.
— Geographische Gesellschaft:
— — Ivestija 50—57.
— Physikalisch-chemische Gesellschaft:
— — Schurnal physik. Abt. 56—58.

Leoben. Montanistische Hochschule:
— — Berg- und hüttenmännisches Jahrbuch 74.

Lincoln. University Library:
— — University Studies 25, 1.

Lindenberg. Aeronautisches Observatorium:
— — Ergebnisse 15.

Linz. Museum:
— — Jahresbericht 80.

Lissabon. Academia das Sciencias de Lisboa:
— — Journal 16.
— Sociedade de geographia:
— — Boletim 43, 7—12. 44, 1—12.

Liverpool. Literary and philosophical Society:
— — Proceedings 113.–115. sess.
— Marine Biological Station:
— — Report 38. 40.

Löwen. Société scientifique de Bruxelles:
— — Annales 43. 41.
— Universität:
— — Mehrere Universitätsschriften.

London. University Library:
— — Brit. Association Report 94.
— Astronomical Association:
— — Journal 35. 36.
— The illuminating Engineer:
— — The ill. Eng. 18, 1—8. 19.
— South Kensington Museum:
— — Verschiedene Kataloge.
— India Office:
— — Mehrere Bände von District Gazetteers.
— Royal Society:
— — Proceedings Ser. A. 758—766. B. 700—707.
— — Philosophical Transactions A 636—639. B. 421—426.
— Royal Astronomical Society:
— — Monthly Notices 86, 1—9.
— Chemical Society:
— — Journal 1926.
— Geological Society:
— — Quarterly Journal 82.
— — List of members 1926.
— Linnean Society:
— — Journal a) Botany 315—316. b) Zoology 243—245.
— — Proceedings 1925/26
— — Transactions b) Zoology 19, 1.
— Zoological Society:
— — Proceedings 1926.
— — Transactions 22, 1.

Lucca. Accademia delle scienze, lettere ed arte:
— — Atti 31 · 36.
— — Memorie 14, 1. 2. 16.

Lübeck. Naturhistorisches Museum:
— -- Mitteilungen 31.
Lund. Kulturhist. Förening:
— -- Redogørelse 1925/26.
-- Botaniska Notiser:
— -- Notiser 1926.
— Vetenskaps Societeten:
— — Årsbok 1925.
— Universität:
— — Acta Afd. 1, 21. 22. Afd. 2, 21.
— — Arskrift, kyrkhistorisk 25.
— — Skrifter utg. af. hum. Vetensk. 8.
Luxemburg. Société des naturalistes:
— — Bulletins 19.
— Institut Grand-ducal:
— — Archives de la section des sciences naturelles 10.
Luzern. Historischer Verein der fünf Orte:
— — Geschichtsfreund 80.
Madras. Oriental Manuscript Library:
-- — Supplemental Catalogue Vol. 25.
— Kodaikanal and Madras Observatories:
— -- Bulletin 78. 79.
— — Annual Report 1925.
Madrid. R. Academia de ciencias exactas:
— — Anuario 1926.
— — Revista 22, 3. 4.
— R. Academia de la historia de España:
— — Boletin 88, 1. 2. 89, 1. 2.
— Sociedad española de fisica y quimica:
-- — Anales 232—239.
— Universität:
— — Trabaljos del laborat. biol. 23. 24, 1—3.
Mailand. Archivio storico civico:
— — Raccolta Vinciana 11. 12.
-- Istituto Bocconi:
— — Annali di Economia 2, 1. 2. 3, 1. 2.
— R. Istituto Lombardo di scienze:
— — Atti della fondaz. scient. Cagnola 27.
— — Rendiconti 59, 1—15.
— R. Observatorio di Brera:
— — Contributi 11. 12.
— Società storica lombarda:
— — Archivio storico 51. 52.
Mainz. Altertumsverein:
— — Mainzer Zeitschrift 20/21.

Manchester. Literary and philosophical Society:
— — Memoirs 70.

Manila. Bureau of Science:
— — Philosophical Journal of Science 30. 31.

Mannheim. Altertumsverein:
— — Mannheimer Geschichtsblätter 27.

Mantua. Accademia Virgiliana:
— — Miscellanea 4. 5. 6.
— — Tarelli, Archivio di Gonzaga 1. 2.

Marburg. Gesellschaft zur Beförderung der gesamten Naturwissenschaften:
— — Sitzungsberichte 1925.

Maredsous. Abbaye:
— — Revue bénédictine 38.

Marseille. Faculté des sciences:
— — Annales 22—25.

Melbourne. R. Society of Victoria:
— — Proceedings 38.

Mexico. Secretaria di agricultura y fomento:
— — Mehrere Einzelwerke.
— Secretaria de Relaciones exteriores:
— — Archivio hist. dipl. Mexicano 19. 20.
— — Mehrere Einzelschriften.
— Sociedad cientifica „Antonio Alzate":
— — Memorias 44.
— Sociedad de geografia:
— — Boletin 10, 1—8.

Milwaukee. Public Museum:
— — Bulletin 4, 1. 5, 1—4.
— — Yearbook 1922—1925.

Minsk. Université:
— — Annales 1925, 6—10.
— — Instit. de la Culture blanche-ruth. Ser. 5, 7—9.
— — Mehrere Einzelwerke.

Modena. Società dei Naturalisti:
— — Atti Ser. 6, 4.

Montevideo. Museo nacional:
— — Anales Ser. 2. T. 1. 2.

Montserrat. Abadia:
— — Analecta Montserratensia 6.
— — Catalonia Monastica Vol. 1.

Moskau. Mathemat. Gesellschaft:
— — Sbornik 31, 3. 4. 32, 1. 2.

Moskau. Universitätsbibliothek:
— — Revue zoologique 6, 1. 2. 3.

Mount Hamilton. Lick Observatory:
— — Bulletin 377—384.

München. Entomologische Gesellschaft:
— — Osterhelder: Großschmetterlinge 1.
— Landeswetterwarte:
— — Deutsches meteorologisches Jahrbuch 47.
— — Übersicht über die Witterungsverhältnisse 1926.
— Landesstelle für Gewässerkunde:
— — Monatsbericht über Niederschläge 1926.

Münster. Landesmuseum der Prov. Westfalen:
— — Münstersche Zeitschrift 83, 1.

Neapel. Società R. di Napoli:
— — Rendiconto (Scienze fisiche) 21—32.
— — Rendiconto (Accad. di archeologia) 34—39.
— Stazione zoologica:
— — Pubblicazioni 6. 7.

Neuchâtel. Société de géographie:
— — Bulletin 35.

New Castle upon Tyne. University:
— — Proceedings 7.

New Haven. Connecticut Academy of arts and sciences:
— — Transactions 28.
— Yale Observatory:
— — Transactions 4. 5.
— American Oriental Society:
— — Journal 45, 1. 2.

New York. Botanical Garden:
— — Bulletin 47.
— Rockefeller Institute for medical research:
— — Studies 56. 57.
— American Museum of Natural History:
— — Bulletin 52. 55.
— — Natural History 26, 1—4.
— — Guide Leaflets 59—64.
— — Novitates 203—233.
— Geographical Society:
— — Geographical Review 1926.
— Mathematical Society:
— — Bulletin 342—346.
— — Transactions 28.
— Columbia University:
— — Dissertationen.

Nürnberg. Naturhistorische Gesellschaft:
— — Jahresbericht 1926.

Omsk. Medizinische Gesellschaft:
— — Medical Journal 1926, 1.

Oslo. Meteorologisches Institut:
— — Geofysiske Publikationer 4, 2. 5. 6. 7.
— Norske geografiske Selskab:
— — Tidskrift 1, 2. 3. 4.
— Videnskabs Selskabet:
— — Skrifter 1925.
— — Papyri Osloenses 1.
— — Arbok 1925.

Osnabrück. Verein für Geschichte und Landeskunde:
— — Mitteilungen 48.

Ottawa. Departement of Mines:
— — Memoirs 147—150.
— — Summary Report 1924.
— — Report 1926.

Padua. Accademia Scientifica:
— — Atti 16.

Palermo. Circolo Matematico:
— — Rendiconti 50, 2. 3.
— Società Siciliana di scienze naturali:
— — Il Naturalista Siciliano 24, 3—12.

Parenzo. Società Istriana di archeologia e storia patria:
— — Atti e memorie 37.

Paris. Académie des inscriptions et belles lettres:
— — Journal des savants 1926.
— Muséum d'histoire naturelle:
— — Bulletin 1926.
— Société française de physique:
— — Le Journal de physique et le Radium 7.
— — Procès-verbaux 1926.

Peking. The Geological Survey:
— — Survey B. 3, 2. 4. 5, 1. 6, 1. C 2, 1.

Perm. Institut des recherches biologiques:
— — Bulletin 4.

Perth. Geological Survey:
— — Bulletin 91.
— — Annual Report 1925.

Philadelphia. Academy of natural sciences:
— — Proceedings 77.
— — Yearbook 1925.

Philadelphia. Franklin Institute:
— — Journal 201. 202.
Pietermaritzburg. Natal Museum:
— — Annals 1—15.
Pisa. R. Scuola d'Ingegneria:
— — Pubblicazioni 1—27.
— Scuola normale superiore:
— — Annali a) filos. 28. b) fisica 14.
— Società Toscana di scienze naturali:
— — Memorie 30—34.
— — Processi verbali 25—34.
Pistoia. R. deput. di storia patria:
— — Bullettino 27. 28.
Plauen. Altertumsverein:
— — Mitteilungen 35.
Plymouth. Marine Biological Association:
— — Journal 14, 1—3.
Portici. R. Scuola superiore di agricoltura:
— — Annali 20.
Posen. Historische Gesellschaft der Provinz Posen:
— — Deutsche Blätter in Polen 1. 2. 3.
— — Deutsche wissenschaftl. Zeitschrift 4—8.
Potsdam. Geodätisches Institut:
— — Veröffentlichung 96.
— Astrophysikal. Observatorium:
— — Publikationen 80 - 83.
Prag. Akademie der Wissenschaften:
— — Almanach 33—35.
— — Biblioteca klassicu 31—33.
— — Bulletin international 1913—1924.
— — Rozpravy Trida 1, 71. Tr. 2, 26—33 Tr. 3, 48—52. 61.
— — Sbirka pramenu. Skup. 2, 20—24.
— — Sbornik prirod. 1. 2. 3.
— — Mehrere Einzelpublikationen.
— Comité d'organisation de l'Institut slave:
— — Eine große Anzahl Einzelwerke.
— Böhmische Gesellschaft der Wissenschaften:
— — Sitzungsberichte 1925.
— Narodni Museum:
— — Časopis 100.
— — Jednatelska. 1922—1925.
— Verein für Geschichte der Deutschen in Böhmen:
— — Mitteilungen 64.
— Verein böhmischer Mathematiker:
— — Časopis 54. 55.

Pressburg. Comenius-Universität:
— — Sbornik 39—44.
Quedlinburg. Magistrat:
— — Ostharz 1925. 1926,1—15.
Riga. Gesellschaft für Geschichte und Altertumskunde der Ost-
seeprovinzen:
— — Mitteilungen 23.
— Naturforscher-Verein:
— — Arbeiten 16.
— Universität:
— — Acta 14.
— Museu nacional:
— — Archivos 25. 26.
— — Boletim 2, 2.
— Observatorio:
— — Annuario 43.

Rom. R. Accademia dei Lincei:
— — Annuario 1926.
— — Memorie Classe di scienze morali Ser. 6 vol. 1.
— — Memorie Classe di scienze fisiche Ser. 6 vol. 1.
— — Notizie degli scavi Ser. 6. vol. 1, 10—12. 2, 1—6.
— — Rendiconti Classe di scienze morali Ser. 6 vol. 1.
— — Rendiconti Classe di scienze fisiche Ser. 6, vol. 3. 4.
— Accademia Pontificiana dei Nuovi Lincei:
— — Atti 77. 78.
— — Memorie Ser. 2, 8.
— Biblioteca Apostolica Vaticana:
— — Studi e testi 45—46.
— R. Comitato geologico d'Italia:
— — Bollettino 50. 51.
— Istituto G. Ferraris:
— — Rassegna di matematica e fisica 6.
— Società Romana di storia patria:
— — Archivio 46. 47.
— Specola Vaticana:
— — Catalogo astrografico 8.
Rostock. Universität:
— — Dissertationen 1926.
Rostov. Universitas Tanaitica:
— — Isvestia 6. 7.
Rovereto. R. Accademia degli Agiati:
— — Atti 7.
Saint Louis. Academy of Science:
— — Transactions 23. 24.

Saint Louis. Missouri Botanical Garden:
— — Report 12.
— Washington University:
— — Studies 50.

Salzwedel. Altmärk. Verein f. vaterländische Geschichte:
— — Jahresbericht 44.

Sanct Gallen. Naturwissenschaftliche Gesellschaft:
— — Jahrbuch 61.

São Paulo. Museu Panlista:
— — Revista 13. 14.

Sarajevo. Landesmuseum:
— — Glasnik 37. 38.

Sendai. Universitätsbibliothek:
— — Arbeiten aus dem anatomischen Institut 12.
— — The Tohoku Mathematical Journal 26.
— — The Tohoku Journal of Experimental medicine 7.
— — Mitteilungen aus dem pathol. Institut 2.
— — The Technology Reports 6, 1. 2.
— — The Science Reports Ser. 2, 8. 9.   3, 2. 4, 1. 2.

Simla. India Meteorological Department:
— — Rainfall of India 1923.

Skoplje. Société scientifique:
— — Glasnik 1, 1.

Sofia. Bulgarische Akademie der Wissenschaften:
— — Sbornik 35. 36.
— — Spisanie 34.
— Institut archéologique:
— — Bulletin 2. 3.
— — Monuments de l'art en Bulgaric 1.
— Universität:
— — Godisnik 18—21.

Sousse. Société archeologique:
— — Bulletin 17.

Spalato. Archäologisches Museum:
— — Bullettino 47, 48.

Stade. Geschichtsverein:
— — Stader Archiv 16.

Stavanger. Museum:
— — Norsk ornithol. Tidsskrift 1, 1—4.

Stettin. Gesellschaft für pommersche Geschichte:
— — Baltische Studien 28.

Stockholm. K. Akademie der Wissenschaften:
— — Arkiv för botanik 20.
— — Arkiv för matematik 19.
— — Arkiv för zoologi 18.
— — Årsbok 1926.
— — Handlingar 3. Serie Bd. 2.
— — Jakttagelser, Astron. 11. 12.
— — Skrifter i naturskyddsärenden 5. 6.
— K. Landbruks-Akademie:
— — Handlingar 65.
— K. Vitterhets Historie och Antikvitets Akademie:
— — Fornvännen 21.
— — Arkeologiska monografier 3. 5. 6.
— — Årsbok 1926.
— Generalstabens litografiska Anstalt:
— — Globen 1926.
— Bibliothek:
— — Accessionskatalog 39. 40.
— Entomologiska Föreningen:
— — Tidskrift 47.
— Geologiska Föreningen:
— — Förhandlingar 48.
— Nationalekonomisk Föreningen:
— — Förhandlingar 1926.
— Ingeniör Vetenskapens Akademien:
— — Handlingar 49--53.
— Schwed. Gesellschaft für Anthropologie und Geographie:
— — Annaler, Geografiska 8.
— — Ymer 46, 1. 3. 4.
— Nordiska Museet:
— — Fataburen 1926.
Stonyhurst. Observatory:
— — Results 1925.
Straubing. Historischer Verein:
— — Jahresbericht 28.
Stuttgart. Landesbibliothek:
— — Vierteljahrshefte 32.
— — Heyd, Bibliographie 5.
— Württemberg. Staatsarchiv:
— — Urkunden und Akten 2, 2. 3. 4.
Suchum. Abskasische Gesellschaft:
— — Bulletin 1925, 1—7. 11—12.
— — Izvestija 1.
Sydney. Australian Museum:
— — Records 15.

Sydney. Linnean Society of New South Wales:
— — Proceedings 50.
— R. Society:
— — Journal and Proceedings 48—58.
— Geological Survey:
— — Mehrere Karten.

Tacubaya. Observatorio:
— — Boletim 47.

Taschkent. Université de l'Asie Centrale:
— — Bulletin 1—13.

Teddington. National Physical Laboratory:
— — Collected Researches 19.

Thorn. Copernicus-Verein:
— — Mitteilungen 34.

Tiflis. Staatsuniversität:
— — Papyri russ. u. georgischer Sammlungen 1.
— Kaukasisches Museum:
— — Bulletin 12.
— — Travaux 1—5.

Tokio. National Research Council:
— — Jap. Journal of botany 3, 2.
— — Jap. Journal of astronomy 3.
— — Jap. Journal of chemistry 2.
— — Jap. Journal of physics 3, 7—10.
— Deutsche Gesellschaft für Natur- u. Völkerkunde Ostasiens:
— — Mitteilungen 18—21,
— Imper. Fisheries Institute:
— — Journal 21.
— Institute of physical and chemical research:
— — Scientific papers 40—69.
— Imper. Geological Survey:
— — Report 93. 94.
— — Mehrere Karten mit erläut. Text.
— Universität:
— — Journal of the Faculty of Science. 1, 1—5. 2, 1—8.
— — Mitteilungen aus der mediz. Fakultät 32.
— — Report of the aeronautical research Institute 16—19.
— — Nagaoka University Volume 1925.

Tomsk. Comité géologique:
— — Otschet 1—3.

Toronto. Canadian Institute:
— — Transactions and proceedings 14, 1. 2. 15, 1. 2.
— Astronomical Society of Canada:
— — Journal 20.

Toronto. University:
— — Physiological Series 92—97.
— — Geological Series 21. 22.
— — Biological Series 27. 28.

Trient. Biblioteca communale:
— — Studi Trentini 7, 1. 2.

Trinidad. Imp. College of tropical agriculture:
— — Tropical Agriculture 3.

Tromsö. Museum:
— — Aarshefter 45—47.
— — Aarsberetning 1922—1925.

Trontheim. Norske Videnskabens Selskab:
— — Aarsberetning 1925.
— — Skrifter 1925 u. 1926.

Troppau. Museum für Kunst und Gewerbe:
— — Zeitschrift für Geschichte Schlesiens 18.

Tübingen. Universität:
— — Abhandlungen 10.
— Württ. Gesellschaft zur Förderung der Wissenschaften:
— — Jahresbericht 1922. 1924. 1925.

Turin. Accademia d'agricoltura:
— — Annali 67.
— Accademia delle scienze:
— — Atti 61.
— Museo di zoologia ed anatomia:
— — Bollettino 40.

Upsala. Schwedische Literaturgesellschaft in Finnland:
— — Skrifter 187—189.
— Meteorologisches Observatorium:
— — Bulletin 57.
— Humanistiska Vetenskaps Samfundet:
— — Skrifter 21.
— — Uppländska Domböker 1.
— Universitätsbibliothek:
— — Arbeten af Ekmans Univ.-Fond 32. 33.
— — Årskrift 1926.
— — Zool. Bidrag 10.
— — Universitätsschriften 1925/1926.

Urbana. Illinois State Laboratory of Natural History:
— — Bulletin 15.
— Illinois University:
— — Studies in social sciences 12.
— — Studies in language and literature 10.
— — Biolog. monographs 9.

Utrecht. Historisch Genootschap:
— — Bijdragen 47.
— — Werken 48.
— Meteorol. Institut:
— — Oversicht 1925. 1926.
Venedig. R. Istituto Veneto:
— — Atti 83—85.
Verona. Accademia:
— — Atti e memorie 99 — 101.
Warschau. Naturwiss. Museum:
— — Annales zoologici 4.
— Société botanique.
— — Acta 3, 1. 2.
— Universität. Mathem. Seminar:
— — Fundamenta mathematica 8.
— Société polonaise de physique:
— — Sprawozdania 1—8.
Washington. National Academy of Sciences:
— — Proceedings 12.
— — Indexband 1915—1926.
— Bureau of American ethnology:
— — Bulletin 76 — 79.
— Department of Agriculture:
— — Journal of agricultural Research 32. 33.
— Smithsonian Institution:
— — Miscellaneous Collections 2828—33.
— — Report 1925.
— U. St. National Museum:
— — Bulletin 131. 134.
— — Proceedings 66—68.
— — Separata.
— U. St. Naval Observatory:
— — Astronomical Papers 10, 1.
— — Publications 10.
— — Annual Report 1925.
— — American Ephemeris 1927.
— U. St. Geological Survey:
— — Bulletin 782—786.
— — Geological Atlas 220.
— — Professional Papers 133—147.
— — Water Supply Papers 496—560.
— Catholic University of America:
— — Patristic Studies 9.
Weimar. Verlag Böhlau:
— — Zeitschrift der Savignystiftung 45. 46.

Weimar. Thüring.-botanischer Verein:
— — Mitteilungen 36. 37.

Wien. Akademie der Wissenschaften:
— — Denkschriften phil.-hist. Kl. 67, 3.
— — Denkschriften math.-phys. Kl. 99.
— — Sitzungsberichte 1. Klasse 203, 1—3.
— —   „   2. Klasse Abt. 1, 134.
— —   „   2. Klasse Abt. 2a, 134.
— —   „   2. Klasse Abt. 2b. 134.
— — Mitteilungen der Erdbebenkommission 62. 63.
— Geologische Bundesanstalt:
— — Jahrbuch 76.
— — Verhandlungen 1926.
— Gesellschaft der Ärzte:
— — Wiener klinische Wochenschrift 39.
— Zoologisch-botanische Gesellschaft:
— — Verhandlungen 74 / 75.
— Israelit.-theolog. Lehranstalt:
— — Veröffentlichungen 1.
— Mechitaristen Kongregation:
— — Handes Amsorya 1926.
— Naturhistorisches Museum:
— — Annalen 40.
— — Veröffentlichungen 7.

Wiesbaden. Verein für Naturkunde:
— — Jahrbücher 78.

Wolfenbüttel. Geschichtsverein f. d. Herzogtum Braunschweig
— — Braunschweig. Magazin 31.

Woods Hole. Marine Biological Laboratory.
— — Biological Bulletin 50. 51.

Worms. Altertumsverein:
— — Wormsgau 1, 2—3.

Woronesch. Universität:
— — Revue Byzantine 1. 2.
— — Acta 1. 2, 1—3.

Würzburg. Historischer Verein:
— Archiv 65.

Zaragoza. Academia de ciencias:
— — Publications 1. 2. 3.

Zürich. Antiquarische Gesellschaft:
— — Mitteilungen 30, 1—3.
— Naturforschende Gesellschaft:
— — Neujahrsblatt 129.
— — Vierteljahrsschrift 71.

Zürich. Schweizerische Geodätische Kommission:
— — Procès verbal 53 –72.
— Schweizerische Geologische Kommission:
— — Beiträge zur geol. Karte der Schweiz 87.
— — Geologische Spezialkarte 110. 111.
— Schweizerisches Landesmuseum:
— — Anzeiger für schweizerische Altertumskunde 28.
— Universität:
— — Dissertationen 1926.
— Schweizerische meteorologische Zentralanstalt:
—— — Annalen 61.

Geschenke von Privatpersonen, Geschäftsfirmen und Redaktionen:

Haury: Neues ü. die Herkunft der Etrusker 1926.
Hohlfeld: Das Bibliographische Institut. Festschrift 1926.
Jörgensen: Om anglo - frisiske inskrifter 1925.
Kamakhya Pessimism. 1926.
Sauter, A.: Pelagius's Expositions 1926.
Sethe, K.: Über den Ursprung des Alphabets 1926.
Stumpf, C.: Die Sprachlaute 1926.
Zimmermann, Frz.: Leiturkunden für Neuordnung der evang. Kirche im
    Gesamtstaate Österreich 1925.
Zimmermann, Frz.: Das Ministerium Thun 1926.

Ein Sauropterygier aus den Arlbergschichten.

Von F. Broili.

Mit 1 Tafel und 5 Textfiguren.

Vorgetragen in der Sitzung vom 5. November 1927.

Der Reptilrest, welcher in den folgenden Zeilen behandelt wird, gelangte in diesem Frühjahr in den Besitz der paläontologischen und historisch-geologischen Staatssammlung. Derselbe liegt auf der grau angewitterten Schichtfläche eines schwarzen, dichten Kalkes, welcher von weißen Kalkspatadern durchsetzt wird und ausgezeichneten muscheligen Bruch besitzt. Der Fundort ist der Plattenbach am Bürserberg bei Bludenz (Vorarlberg) in der Nähe des Stiedle-Bauern in einer Höhe von 900—1000 m; die geologische Karte von H. Mylius[1]) hat im Gebiet des Plattenbachs „Arlbergschichten" eingetragen, welche in den westlichen Ostalpen eine Fazies der ladinischen Stufe darstellen, von wechsellagernden Kalken, Rauchwacken, Dolomiten, Sandsteinen, Quarzsandsteinen, Sandschiefern, Ton- und Mergelschiefern gebildet werden können und häufig in Verbindung mit Partnachschichten auftreten. Nach Mylius ist der paläontologische Gehalt der Arlbergschichten, die über 300 m mächtig werden können, meist sehr arm, und die Fossilien sind schlecht erhalten; er erwähnt: (S. 12) einzelne nicht näher bestimmbare Megalodonten aus reinen Dolomitlagen des Rhätikon, ferner eine

---

[1]) Mylius Hugo. Geologische Forschungen an der Grenze zwischen Ost- und Westalpen. 1. Teil. Beobachtungen zwischen Oberstdorf und Maienfeld. Mit 14 Tafeln (3 Karten). München 1912 (Piloty und Loehle). Vergleiche auch Rothpletz A. Das Gebiet der großen rhätischen Überschiebungen zwischen Bodensee und dem Engadin. Sammlung geologischer Führer X. Bornträger. Berlin 1902. Exkursion 6, Seite 91.

aus Bivalven und Gastropoden bestehende Zwergfauna, die sich in linsenförmigen Putzen eines dunklen Kalkes findet, und schließlich eine Tonschicht am Spillmahder im Lechtal, die von Anoplophoren erfüllt ist.

Angesichts dieser großen Armut an deutbaren Organismen ist dieser Fund eines Wirbeltieres sehr erfreulich, wennschon die Erhaltung desselben im jetzigen Zustande nur eine recht unvollkommene genannt werden muß. Ursprünglich dürfte das Fossil fast völlig intakt auf der Schichtfläche gelegen haben, das Wasser des Plattenbaches hat aber teils einen großen Teil der Knochen so gründlich weggespült, daß ihr Abdruck meist nur in undeutlichen Spuren und sehr unvollständig verfolgt werden kann, teils hat es sie mehr oder weniger auf eine Ebene abradiert, sodaß sich in der Hauptsache nur der Knochenumriß, nicht aber ihre ursprüngliche Gestalt erkennen läßt.

Nur an spärlichen Partien des Kopfes, in dem hinteren Abschnitt der Halswirbelsäule und an der damit noch in Verbindung stehenden Rückenwirbelsäule sowie einem Teile der Schwanzwirbel, ferner am linken Humerus und linksseitigen Schultergürtel haben sich Knochenreste erhalten, die übrigen Skeletteile zeigen sich mehr oder weniger unscharf im Abdruck.

Die Farbe der erhaltenen Knochenteile ist eine schwärzliche, so daß sie sich deutlich von der grau angewitterten Schichtfläche abheben.

Bei dem vorliegenden Saurier handelt es sich um eine zierliche, eidechsenähnliche Form, welche von der Schnauzenspitze bis zu dem im Abdruck erhaltenen Ende des Schwanzes eine Länge von ca. 31 cm erreicht; sie bietet ihre Dorsalseite dem Beschauer dar. Während der Kopf mit dem Halsabschnitt leicht nach der Seite gekrümmt ist, verläuft die Rücken- und Schwanzwirbelsäule nahezu geradlinig; beide Extremitäten liegen vom Rumpf abgespreizt.

Der Schädel.

Der Schädel besitzt die Form eines vorne abgestumpften Dreiecks. An der Schnauze, an dem vorderen Teil des Gesichtsschädels und an den beiderseitigen Hinterecken des Kopfes sind Knochenfragmente haften geblieben. An der linken Ecke sind

dieselben noch relativ ansehnlich, und an ihrem lateralen Außen-
rand glaube ich — unter der Doppellupe — eine kleine Partie,
die sie sich durch ihre mattere Farbe von der durch die Abrasion
intensiver gefärbten übrigen Knochenpartie abhebt, als Rest der
ursprünglichen Oberfläche des Schädeldaches deuten zu dürfen.
Beiderseits umrahmen diese Fragmente, die ich auf die Squamosa
zurückführe, in sie einspringende Gesteinsflächen, die vermutlich als die rückwärtigen Teile der beiden Schläfenöffnungen
zu betrachten sind. Hinter dem rechten Squamosum wird durch
Matrix getrennt der Umriß eines kleinen länglich vierseitigen
Knöchelchens sichtbar, welches vielleicht der Rest des Quadra-
tums ist.

Die Mitte der rückwärtigen Schädelpartie wird von dem Abdruck einer relativ breiten, nach rückwärts leicht abfallenden
Fläche eingenommen, dieselbe ist median leicht erhöht, hat annähernd vierseitigen Umriß und liegt in einem tieferen Niveau
als die beiden Knochenreste tragenden Schädelhinter-
ecken. Auf Grund der tieferen Lage vermute ich, daß es
sich bei dieser Fläche um einen Abdruck von Knochen der
Schädelunterseite, und zwar um die in der Mittellinie sich gegen-
seitig begrenzenden Pterygoidea handelt.

An diese Fläche grenzt in der Mitte rückwärts eine kleine
rundliche, ziemlich scharf hervortretende Vertiefung, die ich für
den Abdruck des Condylus occipitalis halte.

Von der mittleren Region des Schädels zeigen sich nur
ganz unbedeutende Spuren von Knochen, infolgedessen läßt sich
die Lage der Augen nur vermuten, deutlich vertieft heben sich
in diesem Abschnitt lediglich die Abdrücke der beiden Maxillaria
heraus, und dadurch ist es ermöglicht, sich ein Bild von dem ursprünglichen Umriß des Kopfes zu machen.

Nach der Schnauzenspitze zu sind diese Rinnen noch mit
Knochensubstanz ausgefüllt, ebenso trägt auch die Schnauze
selbst noch Knochenbedeckung, die freilich stark abgerieben ist.
Von dem Schnauzenhinterrand geht median eine schmale Kno-
chenspange nach rückwärts, dieselbe trennt die beiden Nasenöffnungen, welche in ihren vorderen Hälften sich gut erkennen
lassen. Angesichts der ungenügenden Erhaltung ist es nicht zu
entscheiden, ob diese Spange auf ein Element des Schädeldaches

14*

(? Praemaxillare, ? Nasale) oder auf ein solches der Unterseite
(? Vomer) zurückzuführen ist. Auf der wohl ganz vom Praemaxillare gebildeten Schnauze werden die Längsschnitte einiger
Zähne sichtbar. Dieselben sind relativ groß, thekodont, und nach
den Seiten und abwärts gerichtet. Die Form der Schnauze ist
sehr charakteristisch; sie ist deutlich vom übrigen Gesichts-
schädel abgesetzt und nach vorne zu nicht verjüngt.
Direkt vor und neben der Schnauze zeigen sich Quer- und Längsschnitte einzelner Zähne der Unterkiefer, einer derselben auf
der rechten Seite weist unter der Lupe deutliche Längsriefung
auf. Auch auf den Maxillaria sind, soweit Knochenmasse derselben erhalten ist, vereinzelt kümmerliche Reste von Zähnen er-
kennbar.

Die Wirbelsäule.

Im engen Anschluß an jene Vertiefung in der Hinterhaupts-
region, die ich als den Abdruck des Condylus occipitalis be-
trachte, treffen wir die Halswirbelsäule zunächst leider ebenfalls nur im Negativ, das überdies ziemlich unscharf ist. Die Zahl
der Wirbel, die auf diese Weise sich verraten, läßt sich auf ? fünf
schätzen. Der nun folgende Teil der Halswirbelsäule ist teilweise,
freilich nur höchst unvollständig, knöchern konserviert, insofern
der dorsale Zusammenschluß der oberen Bogen mit den Dorn-
fortsätzen der Abrasion anheimgefallen ist. Infolgedessen wird
auf diese Weise auf einer größeren Strecke der Halswirbelsäule
etwas rinnenförmig vertieft der Verlauf des Rückenmarkes und
die ventral von demselben gelegenen Wirbelzentra sichtbar.
Der Rückenmarkskanal war von Kalkspat eingenommen, der von
mir wegpräpariert wurde, um die Zentra freizulegen. Bei den
hinteren Halswirbeln aber ist die Grenze der oberen Bogen gegen
die Wirbelkörper durch die Abtragung verwischt.

Die Zahl der so erhaltenen Wirbel beträgt 13. Der letzte
Vertreter der Halswirbel scheint mir der unmittelbar vor den
Fragmenten des Schultergürtels gelegene zu sein. Falls diese
Annahme korrekt ist, dürfte mit den ? 5 im Abdruck erhaltenen
die Gesamtzahl der Halswirbel bei unserem Saurier ca. 18
betragen haben.

Die Halswirbel nehmen gegen rückwärts allmählich an Größe
zu. Am 9. knöchern erhaltenen Wirbel — also am 14. der

ganzen Reihe — und an den folgenden Wirbeln werden rechts
die Durchschnitte von **Rippen** sichtbar, auf der linken Seite
stellt sich das distale Ende einer solchen am 10. (15.) ein. Dieselben erscheinen als stämmige dreieckige Gebilde, die, soweit die
Erhaltung eine Beobachtung zuläßt, nach rückwärts nur langsam
größer werden.

Die an die Halswirbel sich anschließenden Rumpfwirbel
repräsentieren sich als gerundete quer gestellte Rechtecke, die
auf eine ursprünglich gedrungene Bauart derselben hinweisen.
17 solcher Rechtecke lassen sich in geschlossener Reihe zählen;
von den hinteren Praesacralwirbeln liegen nur die Abdrücke
vor, deren Zahl sich auf 4 angeben läßt. Dies würde für die
Zahl der Rückenwirbel, von denen die letzten möglicherweise
Lendenwirbel sind, 21 Stück ausmachen.

Der Abdruck der Gegend der Sacralwirbel gestattet keinerlei
sichere Angabe über ihre Zahl.

Hinter der Beckengegend zeigen sich zunächst 6 Wirbel mit
kräftigen Querfortsätzen im Negativ, ihnen folgt eine Serie von 12
knöchernen rechteckigen Wirbeldurchschnitten, die teilweise durch
kleine Dislokationen unter sich etwas verschoben sind. Die hinteren Schwanzwirbel liegen wiederum nur im Abdruck vor, ich
glaube deren 12 erkennen zu können. Demnach hätten wir für
die Zahl der Schwanzwirbel ± 30.

Die Rippen.

Außer den schon erwähnten kurzen stämmigen Halsrippen
sind die des Rumpfes durch eine relativ gute Erhaltung ausgezeichnet; dies trifft besonders für die rechte Flanke des Tieres zu.

Die Rippen zeigen sich als sehr kräftige, proximal nur
wenig nach rückwärts geneigte, dann aber als stark gekrümmte
Verknöcherungen, deren distale Endigungen in gegenseitiger
Berührung sich schuppenartig aufeinanderlegen. Auf der linken
Körperseite des Tieres ist der Rippenkorb einer mehr unregel-
mäßigen Abrasion preisgegeben gewesen, infolgedessen erscheint
im Gegensatz zu der rechten Hälfte hier das Bild teilweise ge-
stört, zumal vereinzelte Überschneidungen einiger Rippen zu beobachten sind.

Die Rippen lassen sich bis in die Nähe der Sacralgegend verfolgen. Die 2 letzten Praesacralwirbel scheinen aber nur Querfortsätze und keine Rippen mehr zu tragen und wären in diesem Falle als Lendenwirbel anzusprechen.

Die hinter dem Becken hervortretenden Wirbelnegative und auch die ersten der sich an diese anschließenden knöchernen Wirbelserie weisen kräftige, leicht nach rückwärts gekrümmte Querfortsätze auf; leider läßt es sich nicht feststellen, ob nicht auch Rippen an ihrer Zusammensetzung beteiligt sind.

Die erwähnte stärkere Abrasion auf der linken Rumpfseite muß aber als besonderer Glücksfall angesehen werden, sie hat nämlich im rückwärtigen Abschnitt die Rippen so stark abgetragen, daß zwischen ihnen die Spuren einzelner grätenartiger Verknöcherungen sichtbar werden, die als die Reste von Spangen eines Gastralskelettes gedeutet werden müssen.

Der Schultergürtel.

Derselbe ist links im Positiv, rechts nur im Abdruck erhalten. Infolge der Abrasion durch das Wasser erscheinen die einzelnen Elemente der linken Gürtelhälfte als plattenförmige Durchschnitte. Dieselben haben aber ihren Zusammenhang gewahrt. Die vordere Platte gehört der Clavicula an, dieselbe hat gerundet dreiseitigen Umriß und zeigt sich proximal stark verbreitert, um sich körperwärts allmählich zu verschmälern und unter den Rippen zu verschwinden. Kurz vor ihrem Untertauchen unter die letzteren durchsetzt sie ein Längssprung.

Die Scapula erscheint als vierseitige Platte mit gerundetem Lateral- und geradem Medialrand.

Das Coracoid, noch in enger Verbindung mit der Scapula, bildet mit derselben einen einspringenden Winkel. Es besitzt keilförmigen Umriß; über seinen Medialrand legen sich Rippen, deren Spuren unter der Doppellupe gerade noch sichtbar sind.

Trotz der ungenügenden Erhaltung tritt der für die Nothosaurier bezeichnende Habitus des Schultergürtelbaues deutlich hervor.

Die Vorderextremität.

Von der Vorderextremität liegt lediglich die proximale Hälfte des linken Humerus knöchern vor, ihr distaler Abschnitt sowie

der rechte Oberarm zeigen sich im Abdruck. Das an der Hand
dieser Verhältnisse gewonnene Bild desselben läßt ihn als leicht
gekrümmten, ungemein stämmigen Knochen erscheinen. Ein Ge-
fäßloch oder andere bezeichnende Eigentümlichkeiten lassen sich
nicht nachweisen.

Auch die nur im Abdruck sichtbaren beiden Vorderarm-
knochen Radius und Ulna weisen auf einen gedrungenen
Bau hin.

Man glaubt vom Carpus der linken Seite die verschwommenen
Abdrücke von 2 oder 3 Elementen, und von Hand links 4 (? 5)
und rechts 2 oder 3 Strahlen, welche aber keinerlei deutbarere De-
tails mehr zeigen, sehen zu können.

Beckengürtel und Hinterextremität.

Der Beckengürtel und die rechte Hinterextremität zeigen
sich lediglich im Negativ, die linke Hinterextremität ist nicht
mehr erhalten, sie lag offenbar auf einer jetzt weggesprengten
Gesteinsschuppe.

Die Beckenreste erscheinen auch im Positiv, das von
Guttapercha angefertigt wurde, äußerst undeutlich.

Zwei schlecht begrenzte plattenförmige Erhebungen der
rechten Körperhälfte, welche proximal durch eine Vertiefung voneinander getrennt sind, distal aber aufeinander zulaufen, dürften
auf Pubis und Ischium zurückzuführen sein.

Der Femur ist ein gerader, in seinem mittleren Teil un-
merklich verschwächter Knochen und schlanker wie der Humerus,
die beiden Unterschenkelknochen sind in ihren Umrissen sehr unscharf, das gleiche gilt für die noch festzustellenden 4 Zehen-
strahlen.

Maße.

Gesamtlänge des Tieres von dem Schnauzenvorderrand
 bis zum Schwanzende . . . . ca. 31 cm
Länge des Schädels in der Mittellinie . . . . . . 3,7 „
Breite des Schädels am Schädelhinterrand . . . . . 2,4 „
Breite des Schädels über dem Vorderrand der Nasenlöcher 0,6 „
Länge der Halswirbelsäule . . . . 6,4 „
Länge der Thoracalwirbelsäule . . . . 8,2 „

Länge des Beckenabschnittes	1,4 cm
Länge der erhaltenen Schwanzwirbelsäule	11 „
Länge eines mittleren Rumpfwirbels	0,4 „
Breite eines mittleren Rumpfwirbels	1,0 „
Länge des Humerus	1,8 „
Länge des Unterarmes	1,0 „
Wahrscheinliche Länge der Vorderextremität . . .	ca. 3,6 „
Länge des Femur	2,3 „
Länge des Unterschenkels	ca. 1,2 „
Wahrscheinliche Länge der Hinterextremität . . .	ca. 4,7 „

Zusammenfassung.

An der Hand der vorausgehenden Beschreibung zeigt sich unser Reptil als ein kleines eidechsenähnliches Tier mit mäßig großem Kopf, thecodonten Zähnen, langem, aus ca. 18 Wirbeln bestehenden Hals, relativ kurzem, von 21 Wirbeln zusammengesetzten Rumpf und langem (± 30 Wirbel) Schwanz. Brust- und Beckengürtel sind wohl ausgebildet. Die Elemente des Nothosaurus-ähnlichen Schultergürtels stehen in engster gegenseitiger Verbindung. Die Extremitäten sind wenig von Gehfüßen verschieden und die Rippen des Rumpfes auffallend kräftig. Bauchrippen sind vorhanden.

Vergleiche und systematische Stellung.

Durch diese Merkmale ist die Form im System als Vertreter der Nothosauria zur Genüge gekennzeichnet.

Wenn wir nun innerhalb dieser Gruppe die Genera durchmustern, die sich zu einem Vergleich mit unserem Fund heranziehen lassen, so kommen in erster Linie die kleineren Gattungen in Betracht, nämlich: Anarosaurus, Dactylosaurus, Neusticosaurus, Macromerosaurus, Pachypleura, Phygosaurus, ferner Lariosaurus und Proneusticosaurus.

Anarosaurus Dames[1]) aus dem unteren germanischen Muschelkalk von Remkersleben bei Magdeburg dürfte 22 bis

---

[1]) Dames W., Anarosaurus pumilio nov. gen. nov. sp. Zeitschr. d. deutsch. geol. Gesellsch. 1890. Band 42. S. 74. T. I. Jaekel O., Über das System der Reptilien. Zool. Anzeig. 35. 1910. S. 324. Arthaber G. v.,

24 Halswirbel und ungefähr 26 Rückenwirbel besessen haben. Die Zahl der präsacralen Wirbel ist also beträchtlich größer als bei der Vorarlberger Form, die insgesamt ca. 39 Präsacralwirbel aufzuweisen hat. Anarosaurus zeigt relativ dünne Rippen, die unseres Sauriers sind hingegen auffallend kräftig. Ein weiterer Unterschied, der eine gegenseitige Identifizierung verbietet, besteht in der Schädelgestalt; der germanische Nothosaurier besitzt einen mehr gedrungenen Schädel, seine Schnauze ist nicht abgesetzt. Bei dem alpinen Repräsentanten ist demgegenüber als sehr bezeichnende Eigenschaft die Schnauze durch eine Einschnürung abgesetzt, und die Form des Schädels erweckt einen gestreckteren Eindruck.

Dactylosaurus Gürich[1]). Bei dieser nur sehr fragmentarisch erhaltenen Gattung aus dem unteren Muschelkalk von Michalkowitz in Oberschlesien — es sind lediglich die hinteren Teile des Schädels, Hals, Brustgürtel und eine Vorderextremität eines Individuums Gürich zur Untersuchung vorgelegen — handelt es sich um einen sehr kleinen Nothosaurier, dessen Halslänge, die wahrscheinlich von 16 Wirbeln zusammengesetzt wird, 39 mm mißt, während unserer Gattung 18 Halswirbel bei 64 mm Länge zukommen. Da von dem oberschlesischen Reptil bloß die rückwärtigen Teile des Schädels konserviert sind, ist ein Vergleich in dieser Hinsicht ausgeschlossen.

Die von Seeley[2]) aufgestellte Gattung Neusticosaurus, deren Vertreter nach E. Fraas eine Gesamtlänge von 34 cm erreichen können, stammt aus der Lettenkohle Württembergs; von ihr sind

Die Phylogenie des Nothosaurier. Acta Zoologica Bd. 5. 1924. Stockholms-Högskola. S. 480. Fig. 12 und 13.

[1]) Gürich G. Über einige Saurier des oberschlesischen Muschelkalkes. Zeitschr. d. deutsch. geol. Gesellsch. 1884. Band 36. S. 125. T. II. Fig. 1 und 2. Arthaber G. v., l. c. S. 483.

[2]) Seeley H. G., On Neusticosaurus pusillus, an Amphibian Reptile having affinities with the terrestrial Nothosauria and with the marine Plesiosauria. Quarterl. Journ. Geol. Soc. London. 38. Bd. 1882. S. 350, T. 13. Fraas O., Über Simosaurus pusillus. Württemb. Jahreshefte 1881. S. 319 mit Tafel. Fraas E., Neusticosaurus (Pachypleura) pusillus. Die schwäbischen Trias-Saurier usw. Festgabe d. k. Naturalien-Cabinets in Stuttgart zur 42. Versamml. d. d. geol. Gesellsch. Stuttgart. Schweizerbart. 1896. S. 13. Fig. 6. Arthaber G. v., l. c. S. 484. Fig. 15—18.

zwei Arten, N. pusillus O. Fraas und N. pygmaeus E. Fraas, bekannt
geworden. Die Angaben über die Zahl der Hals- bzw. Rumpfwirbel
gehen bei den verschiedenen Autoren etwas auseinander. So gibt
Seeley für sein „type specimen" von N. pusillus 17 Halswirbel,
29 Rückenwirbel, 1 Sacralwirbel[1]) und 15 Schwanzwirbel an,
E. Fraas zählt bei seinem N. pygmaeus — die von ihm gegebene
Figur ist nach seiner Angabe aus mindestens 20 Exemplaren kombiniert — 18 Halswirbel, 26 Rumpfwirbel, von denen 3 als Sacralwirbel ausgebildet sind, und ca. 25 Schwanzwirbel. G. v. Arthaber
gibt bei einem Seeley'schen Exemplare von N. pusillus 26 Rumpfwirbel, bei einem anderen nur 24 einschließlich der 2 Lendenwirbel, an.

Hinsichtlich der Zahl der Halswirbel besteht demnach zwischen
Neusticosaurus und der Vorarlberger Gattung weitgehende Übereinstimmung, dafür ist aber die Zahl der Rückenwirbel bei der
ersteren eine größere (29 bzw. 23 bzw. 26 bzw. 24 gegenüber 21),
und bei einem Vergleiche der Abbildungen von Seeley und Fraas
mit der unserigen tritt die durch die größere Rumpfwirbelzahl
bedingte größere Schlankheit des Rumpfes deutlich hervor. Diese
gestreckter erscheinende Körperform bei Neusticosaurus wird aber
noch durch einen weiteren Umstand bedingt, nämlich durch die
gegenüber jenen unseres Vertreters viel schwächer ausgebildeten
Rumpfrippen.

Ein weiteres trennendes Merkmal besteht in der Form des
Schädels und seines Größenverhältnisses zur Länge der Halswirbel-
säulen. Gegenüber dem schmalen schlanken Schädel von Neusticosaurus, bei dem die Maxillaria ohne Unterbrechung in die Praemaxillaria überleiten, erscheint jener der Vorarlberger Gattung mit
seinen abgesetzten Praemaxillaria und seinem stark verbreiterten
Schädelhinterrand geradezu etwas plump. Was das Verhältnis der
Schädellänge zu jener der Halswirbelsäule anlangt, so beträgt dasselbe bei N. pusillus (nach der Seeley'schen Figur) 3 cm : 7 cm
und bei N. pygmaeus (nach der Abbildung von E. Fraas) 1,8 cm : 3,6 cm,
bei unserem Nothosaurier 3,7 cm : 6,4 cm, der Hals ist also hier
kaum doppelt so lang, während er bei N. pygmaeus doppelt so
lang und bei N. pusillus nach Seeley sogar fast 2$^1/_2$mal so lang

---

[1]) Fraas E. und Arthaber G. v. zählen bei Neusticosaurus 3 Sacralwirbel.

werden kann. Alle diese Verschiedenheiten stehen demnach einer Vereinigung der beiden Genera im Wege.

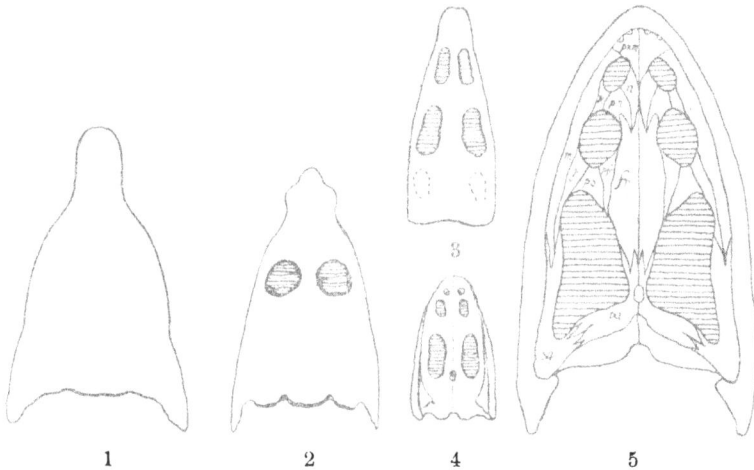

Erklärung der Textfiguren.

Fig. 1. Schädelumriß von R h ä t i c o n i a R o t h p l e t z i gen. et spec. nov. Ladinische Stufe. Vorarlberg. Nat. Größe.

Fig. 2. Schädelumriß von M a c r o m e r o s a u r u s P l i n i i Curioni. Anisische Stufe. Lombardei. Nat. Größe. Nach Curioni.

Fig. 3. Schädeloberseite von Plachypleurosaurus (P a c h y p l e u r a) Edw a r d s i i Cornalia. Anisische Stufe. Lombardei. Rekonstruktionsversuch nach einem Gipsabguß des Originales von Cornalia. Tab. 2. Fig. 2 a. Nat. Größe.

Fig. 4. Schädeloberseite von Neusticosaurus pygmaeus E. Fraas. Lettenkohlensandstein (Unt. Keuper) von Württemberg. Nat. Größe. Nach v. Arthaber.

Fig. 5. Schädeloberseite von Lariosaurus Balsami Curioni. Ladinische Stufe. Nach v. Arthaber $^1/_2$ nat. Größe.

Was die Gattung Macromerosaurus betrifft, so ist dieselbe von Curioni[1]) auf ein Individuum begründet, das aus den oberanisischen Varennakalken von Perledo stammt. Ein zweites

---

[1]) Curioni G. Cenni sopra un nuovo saurio fossile dei monti di Perledo sul Lario e sul terreno che lo racchiude. Giornale dell' I. R. Istituto Lombardo di Sci, lett. e Art. VIII. Milano 1847. S. 469 mit Tafel. D e e c k e W. Über Lariosaurus und einige andere Saurier der lombardischen Trias. Zeitschr. d. deutsch. geol. Gesellsch. 36. 1886. S. 189. B a u r G. Bemerkungen über Sauropterygia und Ichthyopterygia. Zool. Anzeiger Nr. 221. 1886. Separat. S. 1 usw. v. A r t h a b e r l. c. S. 489.

Exemplar wurde meines Wissens nicht bekannt. v. Zittel[1]) hat die Gattung, welche Curioni ursprünglich Macromirosaurus, später aber ethymologisch richtiger Macromerosaurus nannte, im Handbuch der Paläontologie und auch in den „Grundzügen" als jugendliches Individuum von Lariosaurus betrachtet, und ich bin ihm in den späteren Auflagen der Grundzüge darin gefolgt. Diese Anschauung gebe ich jetzt im Anschluß an die Ausführungen Deecke's, Baur's und v. Arthaber's auf. Das Exemplar Curioni's, welches seine Bauchseite dem Beschauer zukehrt, besitzt diesem Autor zufolge eine Länge von 22,5 cm; auf den Hals treffen nach Curioni und Deecke 21 Wirbel, nach der v. Arthaber'schen Schätzung 22; für den Rücken nimmt Deecke 19—20 und v. Arthaber ca. 20, für das Becken der erste 2, der letztere 3 Wirbel an. Am Schwanz zählt Deecke über 30, v. Arthaber etwa 37 Wirbel. Baur schätzt die Zahl der präsacralen Wirbel auf 43—45. Die Phalangenzahl der Hand ist nach Curioni: 2, 3, 4, 5, 3. Der 4. Finger ist der längste[2]). Der Brustgürtel ist der eines Nothosauriers, das Becken scheint unvollkommen erhalten zu sein. Vom Hinterrand der Coracoidea bis in die Beckengegend wird der Rumpf von einem dichten Belag von Bauchrippen überdeckt, nur zwischen den Elementen des Schultergürtels werden kräftige Rumpfrippen sichtbar.

Der Kopf, über dessen Zusammensetzung Curioni sich nicht äußert, scheint dem Bilde nach ungünstig erhalten zu sein. Die Figur erweckt den Eindruck, als ob der rückwärtige Schädelteil die zertrümmerte Gaumenansicht, die vordere Schädelhälfte aber das Schädeldach von innen zeige.

Jedenfalls aber gestattet der Schädelumriß, wie v. Arthaber[3]) mit Recht zeigt, einen Vergleich mit Lariosaurus: „er ist vorne breiter, rückwärts schmäler und in der Mitte gleichmäßiger breit, während bei Lariosaurus der Umriß auffallend triangulär ist." Außerdem unterscheidet er sich weiter von Lariosaurus dadurch, daß seine Schnauze deutlich abgesetzt ist.

---

[1]) Zittel, K. A. Handbuch d. Paläontologie III. 1889. S. 486. Zittel-Broili-Schlosser. Grundzüge der Paläontologie II. 1923. S. 284.

[2]) Leider gibt Curioni nicht an, ob es sich um die Vorder- oder um die Hinterextremität handelt. Nach Baur scheint es die hintere zu sein.

[3]) v. Arthaber l. c. S. 489.

Diese letztere **Eigentümlichkeit** teilt nun der **lombardische Macromerosaurus** mit unserem nordalpinen Vertreter, aber die Schädelform des letzteren ist etwas gestreckter, und seine Schnauze ist schon weiter rückwärts abgesetzt und verläuft nach vorne mit **gleichmäßiger Rundung**, während jene von **Macromerosaurus** mit einem **deutlichen Knick** spitz ausläuft.

Dieser Unterschied in der allgemeinen Schädelform, besonders aber in der Gestaltung der Schnauze, erscheint mir ausschlaggebend, **beide Gattungen auseinander zu halten**, die im übrigen im Hinblick auf die Zahl der präsacralen Wirbel (40 bis 42 bei Macromerosaurus und ca. 39 bei unserer Gattung) und auf die Größe des Schwanzabschnittes (30—37 : ± 30), soweit die Abbildung der ersteren und die unvollständige Erhaltung der letzteren diesen Rückschluß gestatten, **sich ziemlich nahe zu stehen scheinen.**

Pachypleura. Dieses von Cornalia[1]) aufgestellte Geschlecht stammt aus der **Ober-anisischen** Trias der **Südalpen** von der West-Lombardei. Lydekker[2]) hat seine Identität mit Neusticosaurus vermutet, E. Fraas, Zittel und ich haben sich ihm angeschlossen, während Deecke und von Arthaber für die Selbständigkeit beider Genera eintreten. Meine Anschauung muß ich jetzt zu gunsten der letzteren aufgeben. Pachypleura scheint einer der häufigeren Nothosaurier in der oberen Mitteltrias der Lombardei zu sein. Nach Deecke waren 1886 bereits 8 Stücke bekannt, und die Zahl dürfte sich wohl inzwischen vermehrt haben, ohne daß sie aber in der Literatur bekannt geworden wären.

---

[1]) **Cornalia** E. Notizie zoologiche sul Pachypleura Edwardsii Corn. Nuovo sauro acrodonte degli strati triasici di Lombardia. Giornale dell' J. R. Istituto Lombardo di Sci. lett. ed art. e Biblioteca Italiana. Nuov. Ser. T. VI. Milano 1854 S. 45 mit 2 Tafeln. **Curioni** G. Sui Giacimenti metalliferi e bituminosi nei terreni triasici di Besano. Memorie del R. Ist. Lombardo di Sci, lett. ed arte 9 (3. della Serie Seconda) Milano 1863. S. 265 T. 7, Fig. 2. **Deecke** W. l. c. S. 191. **Arthaber** G. v. l. c. S. 491. Fig. 20.

[2]) **Lydekker** R. Catalogue of the fossil Amphibia and Reptilia in the British Museum (Nat. Hist.) Part. II. London 1889. S. 285. **Fraas** E. l. c. S. 13. **Zittel** K. Handbuch der Paläontologie III. 1889. S. 486. Pachypleura (= Neusticosaurus). **Zittel** K. u. **Broili** F. Grundzüge der Paläontologie. 4. Auflage 1923. S. 285 Neusticosaurus (= Pachypleura).

Es handelt sich um eine schlanke, eidechsenähnliche Form,
die nach Cornalia 30 – 40 cm lang werden kann. Eines der Originale dieses Autors, welches auch Deecke zur Untersuchung zur
Verfügung stand, liegt mir im Abguß als Eigentum unserer
Sammlung vor. (Es ist das kleinere der von Cornalia untersuchten
Individuen, welches er auf Taf. II, Fig. 2 abbildet und welches
eine Länge von 30 cm besitzt). Beim ersten Anblick erinnert
das Stück sehr an Neusticosaurus, bei näherem Vergleich ergeben
sich jedoch bedeutende Unterschiede, welche eine Trennung beider
Formen vollkommen gerechtfertigt erscheinen lassen.

Für den Hals gibt Cornalia 15—16 Wirbel an; v. Arthaber
hält 19 Stück für wahrscheinlicher, an der Hand des Abgusses
halte ich aber die Angabe Cornalia's für die richtige. Dadurch
erscheint der Halsabschnitt von Pachypleura etwas kurz, er
unterscheidet sich aber nur unwesentlich von jenem von Neusticosaurus, bei welchem Seeley bezw. Fraas 17 oder 18 Wirbel
anführen.

Die Zahl der Rückenwirbel beträgt bei Pachypleura nach
Cornalia[1]) 20—21 (Deecke nennt 19—20, ich möchte die Angabe
von Cornalia für die wahrscheinlichere nehmen), bei Neusticosaurus führt Seeley 29 (wahrscheinlich etwas zu hoch gegriffen,
weil 1 oder 2 Sacralwirbel mitgezählt sind), Fraas 23, v. Arthaber
25 Stück an — demnach war der Rücken bei dem letzten
Genus jedenfalls etwas schlanker wie bei dem ersteren. Das Becken von Pachypleura hat nach Cornalia 2, nach
v. Arthaber 3 Wirbel.

Obwohl demnach der Rumpf von Neusticosaurus etwas schlanker
ist wie der von Pachypleura, so erweckt die Betrachtung der
Seeley'schen oder Fraas'schen Figur und der von Cornalia gegebenen Abbildung doch sofort den Eindruck, daß die lombardische
Gattung beträchtlich schlanker ist. Dieser Eindruck ist durch
die größere diesem Geschlecht zukommende Anzahl der Schwanzwirbel bedingt, die nach Curioni 37 beträgt. Seeley[2]) schätzt die
Zahl der Caudalwirbel bei N. pusillus auf nur 15 und E. Fraas[3])

---

[1]) In seiner Tabelle auf S. 54 gibt Cornalia nur 19 an. Vermutlich
hat er bei der obigen Angabe die Beckenwirbel mitgerechnet.

[2]) Seeley l. c. S. 356.

[3]) Fraas E. l. c. S. 13.

diejenige bei N. pygmaeus auf 25. Bei Neusticosaurus ist also der Caudalabschnitt wesentlich kürzer.

Eine weitere Differenz besteht im Bau der Schädel, welche beide, wenn man die Figur von Seeley (T. XIII, Fig. 5) mit jener bei Cornalia (T. II, Fig. 2) vergleicht, eine gestreckte Gestalt besitzen.

Nachdem die Seeley'sche Figur und Beschreibung nur die Schädelunterseite von Neusticosaurus pusillus gibt, sind wir bei einem Vergleiche nur auf die von E. Fraas gegebene Darstellung der Schädeloberseite von N. pygmaeus angewiesen, um sie jener von Pachypleura, von welcher in der Hauptsache nur die Schädeloberseite bekannt ist, gegenüber zu stellen.

Nach Cornalia sind die Nasenöffnungen bei Pachypleura sehr groß („assai voluminose"), die Augenöffnungen, die in der Mitte der Schädellänge ihren Platz haben, besitzen gleichfalls eine ansehnliche Größe und haben, wie das Curioni[1]) später im Vergleich mit den runden Orbita von Lariosaurus betont, einen elliptischen Umriß. Die seitlichen und hinteren Teile des Schädeldaches werden von den Schläfenöffnungen eingenommen, welche außen von sehr kräftigen Schläfenknochen umrahmt werden. Der mir vorliegende Gipsabguß des Originales läßt diese von Cornalia mitgeteilten Beobachtungen gut erkennen, ihnen sei noch beigefügt, daß, nach dem Abguß zu schließen, die Schläfenöffnungen verhältnismäßig klein sind. Bei der Gegenüberstellung hat N. (pygmaeus) sehr kleine Nasenlöcher, kleine rundliche in der vorderen Schädelhälfte gelegene Augen und große weit nach vorne geschobene Schläfendurchbrüche.

Schließlich ist zu erwähnen, daß der Femur von Neusticosaurus schlanker gebaut ist wie der von Pachypleura, deren Hinterextremität überhaupt die relativ kürzeste unter den hier behandelten Formen ist, auf welches Verhältnismaß von Arthaber[2]) mit Recht hinweist.

Auf Grund des größeren Caudalabschnittes bei Pachypleura, welcher dieser Gattung gegenüber Neusticosaurus einen viel schlankeren Habitus verleiht, und des abweichend gebauten

---

[1]) Curioni 1863. l. c. S. 266.
[2]) Arthaber l. c. S. 451 u. Fig. 20.

Schädeldaches bekenne ich mich nun zu einer anderen Anschauung und halte im Anschluß an Deecke und v. Arthaber Pachypleura aus der oberen Mitteltrias der Tethys und Neusticosaurus aus dem germanischen unteren Keuper für selbständige Genera.

Da nach Lydekker[1]) der von Cornalia gegebene Name „Pachypleura" ein Jahr vorher bereits für eine Coleoptere aufgestellt wurde und infolgedessen hinfällig ist (Lydekker betrachtete Pachypleura als Synonym mit Neusticosaurus und verzichtete infolgedessen auf eine Namengebung), so schlage ich an seiner Stelle die Bezeichnung: **Pachypleurosaurus** vor.

Daß unser Voralberger Saurier mit seinem viel breiteren, an der Schnauze abgesetzten Schädel und seinem gestreckteren Femur nicht mit dem schlanken Kopf und dem dicken und kurzen Femur (der nach Cornalia nur 1 mm länger ist wie der Humerus) von Pachypleura zu identifizieren ist, ergibt sich aus dem Vorausgehenden. Im übrigen besitzen beide Gattungen bei ähnlicher Rippengestalt auch annähernd ähnlich große Hals- und Rumpfabschnitte (Unser Tier, Hals: 18, Rumpf: 21, Schwanz: $\pm$ 30. Pachypleura, Hals: 15—16, Rumpf: 20—21, Schwanz 37.)

Die durch v. Arthaber[2]) aus der oberen Mitteltrias von Perledo begründete Gattung Phygosaurus, welcher der Schädel fehlt, gehört einem relativ großen Nothosaurier an. Derselbe besitzt diesem Autor zufolge 25 Rumpfwirbel und unterscheidet sich von Lariosaurus durch die schlanke Form des Rumpfes, die in erster Linie durch die auffallend langen mittleren und rückwärtigen nicht pachyostotisch verdickten Rippen veranlaßt ist. Gerade diese letztere Eigenschaft kommt unserem Tier zu; es kann sich also bei ihm nicht etwa um ein Jugendform von Phygosaurus handeln.

Was den oberanisischen lombardischen Lariosaurus Curioni[3]) betrifft, so ist auf seine Beziehungen zu dem vorliegenden

---

[1]) Lydekker R. Catalogue of the fossil Reptilia and Amphibia in the British Museum. (Nat. Hist.) II. S. 285. Fußnote 2.

[2]) Arthaber v. l. c. S. 403.

[3]) Curioni G. Sui Giacimenti metalliferi e bituminosi nei terreni triasici di Besano. Memorie del R. Ist. Lombardo di Sci. lett. de art. 9, (3. della ser. seconda) Milano 1863 S. 241. T. V, VI, VII, 1. Zittel K. Handb. d. Paläontologie III. 1889. S. 484 mit Fig. 461 u. 62. Boulenger G. A. On a

Fund vorausgehend des öfteren hingewiesen worden; er wird am
stattlichsten von den ober-mitteltriasischen Nothosauriern aus den
Südalpen und kann eine Größe von 90 cm erreichen. Das Verhältnis der Schädellänge zu jener der Halswirbelsäule
ist bei beiden Genera ein ähnliches. An dem großen Exemplar
von Lariosaurus der Münchener Staatssammlung beträgt dasselbe
9,6 cm: 17,6 cm, bei unserer neuen Erwerbung 3,7: 6,4 cm; es
ist also ein ziemlich gleiches. In Bezug auf die Körperregionen
besteht ebenso eine gewisse Übereinstimmung.

Der Saurier aus Vorarlberg hat 18 Halswirbel, 21 Rumpfwirbel und $\pm$ 30 Schwanzwirbel — das Münchener Exemplar von
Lariosaurus Balsami besitzt 20—21 Halswirbel, 21 Wirbel in
der Rumpf- und Lendengegend, 5 Sacralwirbel $\pm$ 40 Schwanzwirbel. Besteht also hinsichtlich der Körperproportionen und auch
der Ausstattung mit dicken Rippen eine ziemlich weitgehende
Ähnlichkeit, so ist der Schädelumriß ein abweichender. Bei
Lariosaurus handelt es sich um einen langgestreckten Schädel,
der rückwärts eine mäßige Breite aufzeigt und der allmählich
nach vorne, ohne irgendwie abgesetzt zu sein, zuläuft. Auch bei
unserem Nothosaurier liegt ein ziemlich langgestreckter Schädel vor,
aber er ist in der rückwärtigen Hälfte relativ breiter wie der von
Lariosaurus, und seine Praemaxillarregion ist deutlich abgesetzt. Diese größere Schmalheit des Schädels von Lariosaurus
kommt auch bei dem von Boulenger als Jugendform gedeuteten
Individuum des Senkenberg-Museum in Frankfurt zum Ausdruck;
auch dieses zeigt keine Einschnürung der Schnauze. Demnach
läßt sich eine Zuteilung unseres Fundes zu Lariosaurus
nicht rechtfertigen.

Proneusticosaurus Volz[1]) stammt aus dem unteren
Muschelkalk Oberschlesiens; mit diesem Genus vereinigt v. Arthaber[2]) einen Fund wahrscheinlich oberladinischen Alters von

---

Nothosaurian reptile from the Trias of Lombardy, apparently referable to
Lariosaurus. Transact Zool. Soc. London Vol. 14. I. 1896. S. 1 mit Tafel.
Arthaber G. v. l. c. S. 498. Fig. 23—29.

[1]) Volz W. Proneusticosaurus, eine neue Sauropterygier-Gattung a. d.
unteren Muschelkalk Oberschlesiens. Paläontographica 49. S. 121. T. 15, 16
und 51 Textfiguren.

[2]) Arthaber G. v. l. c. S. 509.

(?) Bleiberg in Kärnten. Da bei keiner der drei Arten der Schädel und die Halswirbelsäule gefunden wurde und nachdem auch die Zahl der Rumpfwirbel sich nicht sicher konstatieren läßt, ist ein Vergleich mit unserem Rest nicht gut möglich. Nachdem aber dieser — ein kleineres Tier — relativ kräftigere Rippen aufzuweisen hat, halte ich eine Identität nicht für wahrscheinlich.

Zum Schluß seien noch die beiden von Skuphos[1]) beschriebenen Nothosaurier erwähnt, die von besonderem Interesse sind, weil sie ebenfalls aus Vorarlberg aus den ladinischen Partnachschichten stammen.

Die von Skuphos entdeckte, in geschlossener Serie erhaltene Folge von 14 Brustwirbeln und die übrigen Reste: einige isolierte Wirbel, Rippen und Teile des Brustgürtels seiner Gattung Partanosaurus vom Masonfalltobel bei Braz lassen auf Grund ihrer Größenverhältnisse auf einen sehr großen Nothosaurier schließen, der wohl einen der stattlicheren Vertreter dieser Gruppe repräsentieren dürfte; erreicht doch einer der isolierten Wirbel nach Skuphos eine Höhe von über 12 cm!

Partanosaurus besitzt tief amphicoele Wirbel. Ich halte es für ausgeschlossen, daß unser Fund eine Jugendform von Partanosaurus darstellt, allein auf Grund des Rippenbaues, die bei diesem Genus im proximalen Abschnitt auffallend schwach sind und auch distal nicht sehr verbreitert und stark erscheinen.

Die andere Vorarlberger Gattung Microleptosaurus Skuphos, aus der Nähe der Ortschaft Dalaas ist auf etliche isolierte Hals- und Rumpfrippen und ein Wirbelfragment hin aufgestellt, ein Vergleich mit ihr ist deshalb nicht möglich.

Es liegt demnach bei unserem Nothosaurier aus den Arlbergschichten vom Bürserberg bei Bludenz ein neuer Vertreter der Sauropterygier vor, den ich in dankbarster Erinnerung an meinen um die Erforschung des Rhäticon so hochverdienten Lehrer A. Rothpletz:

---

[1]) Skuphos Th. G. Über Partanosaurus Zitteli Skuphos und Microleptosaurus Schlosseri nov. gen. nov. spec. a. d. Vorarlberger Partnachschichten. Abhandl. d. k. k. geol. Reichsanstalt. XV. Heft 3. 1893. S. 1 mit 3 Tafeln und 1 Textfigur. v. Arthaber l. c. S. 513.

Rhäticonia Rothpletzi gen. et spec. nov. nenne.

Für die neue Gattung läßt sich folgende Diagnose auf-
stellen:

Eidechsenähnlich, langgeschwänzt. Schädelumriß drei-
seitig mit sehr breiter hinterer und mittlerer Schädel-
region und deutlich abgesetzter Schnauze. Zähne thekodont,
längsgerieft, am Praemaxillare relativ groß und nach
den Seiten gerichtet (Rechengebiß). Schädellänge kaum
doppelt so lang wie die Halwirbelsäule. Ca. 18 Halswirbel,
21 Rückenwirbel, ? Sacralwirbel, + 30 Schwanzwirbel.
Extremitäten wenig von Gehfüßen verschieden. Humerus
leicht gekrümmt, stämmig, Unterarm gedrungen. Femur
gerade, relativ schlank. Hinterextremität größer wie die
Vorderextremität. Rumpfrippen sehr kräftig (pachyostotisch), die distalen Abschnitte stark nach rückwärts gewendet.
Bauchrippen vorhanden. Ca. 30 cm lang. Horizont: Arlbergschichten. (Ladinische Stufe.)

Unter den vorhergehend vergleichsweise behandelten Nothosauriern scheint Macromerosaurus Plinii Curioni aus den oberanisischen Varenna-Perledokalken der Lombardei mit seinen 40—42
praesacralen Wirbeln und seinem über 30 Wirbel zählenden Caudalabschnitt die unserer Rhäticonia am nächsten stehende Gattung zu sein, zumal sie ein recht bezeichnendes Merkmal, nämlich
die deutlich abgesetzte Schnauzenregion, mit ihm teilt. Macromerosaurus scheint auch ähnlich dicke Rippen aufzuweisen. In
weiterer Distanz auf Grund der abweichenden Schädelform würde
dann der aus demselben Horizont wie die vorhergehende Gattung
stammende Pachypleurosaurus zu nennen sein, welcher mit unserem Vorarlberger Genus auch eine annähernd gleiche Wirbelfor-
mel gemeinsam hat (ca. 37 Präsacralwirbel und ungefähr die gleiche
Zahl Schwanzwirbel) und ebenso kräftige, verdickte Rippen besitzt.

Entfernter steht Neusticosaurus, dessen praesacraler Körper-
abschnitt größer, dessen Schwanz aber kürzer ist.

Lariosaurus, welcher sowohl von Lydekker[1] wie von v. Arthaber[2] als Typus einer Familie betrachtet wird, besitzt auch eine

---

[1] Lydekker l. c. S. 284.
[2] Arthaber G. v. l. c. S. 456.

ähnlich große Zahl von praesacralen Wirbeln, nämlich 41—42 und ± 40 Schwanzwirbel, auch seine Rippen sind pachyostotisch, aber sein Schädelumriß ist ein anderer und die Schnauze zeigt keinen Absatz auf. Ein für Lariosaurus charakteristisches Merkmal, nämlich die große Zahl der Sacralwirbel (5) kann bei unserer Form leider nicht zum Vergleich herangezogen werden, da gerade diese Region recht undeutlich erhalten ist.

Während Lydekker seine Lariosauridae hauptsächlich auf Grund des Fehlens der Jncisur im proximalen Abschnitt des Coracoids von seinen Nothosauridae trennt, welche für die letzteren bezeichnend ist, sieht v. Arthaber als systematisch gut verwendbare Merkmale: die Zahl der im Becken vereinigten Wirbel, das Auftreten oder Fehlen des For. infraorbitale und evtl. die Gestalt der Rippen, ob sie unverdickt oder pachyostotisch sind; er stellt infolgedessen zu seinen Lariosauridae die mit einer hohen Zahl von Sacralwirbeln ausgestatteten, ein For. infraorbitale und pachyostotische Rippen besitzenden Nothosauria und teilt ihnen die Genera Lariosaurus, Proneusticosaurus und ? Partanosaurus[1]) zu, demnach muß er den ursprünglich von Lydekker bei seinen Lariosauridae untergebrachten Neusticosaurus, weil er die normale Sacralwirbelzahl (3) aufweist, von diesen abtrennen, obwohl diese Gattung, wie v. Arthaber selbst zeigt (Fig. 17), keine Jncisur im Coracoid erkennen läßt. v. Arthaber legt also großes Gewicht auf das Vorkommen der Normalzahl von Beckenwirbeln oder das regelmäßige Auftreten einer größeren Anzahl und glaubt dieses Merkmal systematisch verwenden zu können; er stellt sich dadurch, wie er selbst offen zugibt, in bewußten Gegensatz zu anderer Auffassung. Auch ich möchte diesem Merkmal nicht so große Bedeutung zuerkennen, dagegen erscheint mir der Besitz oder der Mangel des For. infraorbitale von größerem systematischen Wert. Pachyostotische Rippen können aber auch bei anderen Nothosauriern vorkommen, — so bei unserer Rhäticonia und bei

---

[1]) Partanosaurus soll nach v. Arthaber 6 Sacralwirbel besitzen. Skuphos beschreibt aber nur eine geschlossene Serie von 14 Thoraxwirbeln und etliche isolierte Wirbel, daß 6 davon als Sacralwirbel zu bezeichnen sind, sagt Skuphos nicht, und auch v. Arthaber erwähnt bei seiner Beschreibung (Fig. 513) nichts davon. Nach meiner Auffassung scheint es sich nur um Rückenwirbel zu handeln.

Macromerosaurus; von dem letzteren wird die Zahl der Beckenwirbel auf 2—3 angegeben — bei beiden sind aber die Schädel-
unterseiten nicht bekannt.

Die im allgemeinen doch recht ungenügende Erhaltung
der meisten hier näher behandelten Formen erlaubt eben
noch nicht die Aufstellung eines einigermaßen befriedi-
genden Systems.

Geologische Erwägungen.

Durch diesen Fund erfährt die Kenntnis über das Vorkommen
fossiler Tetrapoden in den nordtiroler und bayerischen
Alpen eine Bereicherung; die Zahl der in ihnen bekannt gewordenen
Vertreter von Vierfüßlern tritt aber gegenüber den in den Südalpen
gemachten Entdeckungen zurück und bleibt — abgesehen von
dem problematischen Teleosaurus-Rest aus den Asphaltschiefern
des Hauptdolomits von Seefeld in Tirol (Kner, Sitzungsberichte
d. k. k. Akad. Wien 56. I. 1867) — auf ein Kieferstück eines
Stegocephalen[1]) aus den Raiblerschichten, auf vom Muschelkalk bis
in das Rhät gefundene isolierte Zähne von Placodus, einen un-
vollständigen Schädel von Placochelys[2]) aus den Kössenerschichten,
auf Panzerreste von Psephoderma aus dem Rhät, auf 3 Wirbel mit
den dazu gehörigen Bauchrippen eines Nothosauriden[3]), gleichfalls
aus dem Rhät stammend, sowie auf die von Skuphos beschriebenen
ladinischen Sauropterygier Partanosaurus und Microleptosaurus
beschränkt. In den Südalpen hingegen erscheint ihre Zahl, —
abgesehen von einzelnen Zufallsfunden in den östlichen Teilen derselben wie z. B. der von G. v. Arthaber[4]) beschriebene Proneusticosaurus carinthiacus oberladinischen Alters von Bleiberg
in Kärnten und Metoposaurus (Metopias) Sanctae Crucis
Koken[5]) aus den Raiblerschichten Südtirols, — aus der Trias der

---

[1]) Broili F. Ein Stegocephalenrest aus den bayerischen Alpen. Centralblatt für Mineralogie usw. 1906. Nr. 18. S. 568.

[2]) Broili F. Ein neuer Placodontier aus dem Rhät der bayerischen
Alpen. Sitzungsb. d. b. Akad. d. Wissensch. math.-physik. Klasse 1920. S. 311.

[3]) Broili F. Über die Reste eines Nothosauriden aus den Kössener Schichten.
Centralblatt f. Mineralogie usw. 1907. S. 337.

[4]) Arthaber G. v. l. c. S. 509.

[5]) Koken E. Beiträge zur Kenntnis der Schichten von Heiligenkreuz.
(Abteital, Südtirol). Abhandl. d. k. k. geol. Reichsanstalt. Bd. XVI. Heft 4.
1913.

Lombardei und dem angrenzenden Tessin viel reichhaltiger, was wohl damit zusammenhängt, daß die betreffenden Schichten der anisischen Stufe teilweise wegen ihres Bitumen-Gehaltes abgebaut werden und deshalb eine reiche Ausbeute an Fossilien liefern.

Für unsere Nordalpen ist deshalb die Entdeckung eines neuen Nothosauriers aus den sonst so sterilen Arlbergschichten Vorarlbergs hocherfreulich. Nachdem aus der nämlichen Gegend, aus den ebenfalls ladinischen Partnachschichten die schon oben genannten Geschlechter Partanosaurus und Microleptosaurus und außerdem aus dem Rhät der Scesaplana (vom sogenannten Kamin unterhalb des Gipfels) ein von Prof. Rothpletz entdeckter Panzerrest von Psephoderma vorliegen, scheinen hier Überbleibsel von Vertebraten reicher zu sein, und es steht mit Sicherheit zu erwarten, daß aus diesem Teil der Ostalpen noch Funde weiterer Tetrapoden bekannt werden.

Südlich dieser Vorarlberger Vorkommen, jenseits der Zentralalpen, im Tessin und der Lombardei liegen nun jene vorhergehend schon genannten, an Wirbeltieren reichen Vorkommen der mittel- oder oberanisischen Stufe, die also nur wenig älter wie die Vorarlberger Vorkommen sind (abgesehen von Psephoderma). Wenn wir von dieser Vertrebratenfauna die innerhalb derselben reich vertretenen Mixosauriden[1]), die schon eine ziemlich weitgehende Anpassung an das Wasserleben bekunden, ausnehmen, so sind in erster Linie die Nothosauria Lariosaurus, Pachypleura und Macromerosaurus zu nennen, deren Extremitäten ebenso wie unser Vorarlberger Nothosauride Rhäticonia noch ausgesprochen den Charakter von Gehfüßen besitzen. Ich fasse diese Tiere deshalb hinsichtlich ihrer Lebensweise ähnlich wie die rezenten Krocodilier als noch auf das Land angewiesene Formen auf, obschon sie sich wohl überwiegend im Wasser aufhielten. Zu diesen Funden tritt ferner, abgesehen von anderen mehr fragmentären Resten, welche Deecke[2]) in seiner so dankenswerten Arbeit zusammenfaßt, noch der Flug-

---

[1]) Wiman C. Über Mixosaurus Cornalianus. Bull. Geol. Inst. of Upsala. XI. 1912. S. 230 und die frühere Literatur.

[2]) Deecke W. Über Lariosaurus und einige andere Saurier usw. l. c. S. 195 u. 197.

saurier Tribelesodon, dessen genaue Untersuchung wir den schönen Untersuchungen Baron Nopcsa's[1]) verdanken.

Außer diesen Repräsentanten der mittleren Trias verdient noch ein weiterer Rest aus dem gleichen Gebiet der Südalpen, nämlich das ansehnliche Panzerstück eines Sauriers, das aus einem höheren Horizont, der Rhätischen Stufe von Viggiù, stammt[2]) und welches H. v. Meyer[3]) direkt mit seinem Psephoderma alpinum aus dem Rhät von Ruhpolding bei Traunstein identifiziert, unser besonderes Interesse in Anbetracht des schon genannten von A. Rothpletz gemachten Fundes dieser Gattung in der nämlichen Stufe an der Scesaplana in Vorarlberg. Über die systematische Stellung von Psephoderma sind wir freilich einstweilen im Unklaren — immerhin ist aber der Nachweis von gleichgebauten Panzern eines sonst noch unbekannten Sauriers während der Trias nördlich und südlich der Zentralalpen von großer Wichtigkeit.

Das Auftreten des Flugsauriers Tribelesodon aber sowie der genannten Nothosaurier in relativer Häufigkeit in diesem Teile der Südalpen und das Vorkommen der letzteren in Vorarlberg setzt eine Landfeste voraus, von der sie ausgegangen sind — ein Festland, dessen Küsten einesteils den Südrand des Triasmeers unserer nördlichen östlichen Kalkalpen und andererseits den Nordrand des Meeres bildeten, in welchem sich die Triassedimente der heutigen Südalpen niederschlugen.

Dieser Festlandskern dürfte demnach zur Zeit der Trias, besonders während die anisischen-ladinischen Stufen sedimentierten, noch ansehnliche Ausmaße besessen haben, und seine Küsten von den heutigen Saurierfundorten im S. und N. nicht weit entfernt gewesen sein. In den Sedimenten im N. kommt derselbe auch zum Ausdruck, denn Mylius[4]) erwähnt innerhalb der Arlbergschichten das Auftreten von sandigen Schiefern mit Sandsteinen, unter denen ein harter glaukonitischer Quarzsandstein durch seine

---

[1]) Nopcsa Baron Franz. Neubeschreibung des Trias-Pterosauriers Tribelesodon. Paläontol. Zeitschr. V. 1922. S. 161 mit 1 Tafel und 7 Textfiguren.

[2]) Curioni G. Sui Giacimenti metalliferi etc. l. c. S. 268. T. VII. Fig. 3. 1863.

[3]) H. v. Meyer. Neues Jahrbuch für Mineralogie usw. 1864. S. 698.

[4]) Mylius l. c. S. 12.

grüne Farbe auffällt. Im S. nimmt Frauenfelder[1]) in dem von ihm untersuchten Teil des Tessin für die Entstehung der anisischen Sedimente im Gebiet des Luganersees eine reich belebte flache Bucht an, die aber außerhalb des Wellenschlags lag. Für die unweit liegende Küste spricht aber das von diesem Autor erwähnte Auftreten von gut erhaltenen Voltzien in der Daonellenbank.

Diese auf Grund der paläontologischen Funde gewonnenen Erwägungen lassen sich schwer mit der Deckentheorie im Sinne von Uhlig und Termier in Einklang bringen, dagegen sich ausgezeichnet mit der von Heritsch[2]) vertretenen Meinung sowie mit den Anschauungen Kossmats[3]) vereinigen, der in den Zentralalpen eine axiale Region, einen alten Horst sieht, der wohl das oben genannte Festland darstellt. —

Herr Kollege Dacqué hatte die große Güte, das beschriebene Stück zu photographieren. Ich möchte ihm auch hier meinen herzlichen Dank zum Ausdruck bringen.

Tafelerklärung:

Rhäticonia Rothpletzi gen. et spec. nov. aus den Arlbergschichten (Ladinische Stufe) des Plattenbachs vom Bürserberg bei Bludenz (Voralberg). Unretuschierte Photographie in ca. ²/₃ nat. Größe.

---

[1]) Frauenfelder A. Beiträge zur Geologie der Tessiner Kalkalpen. Eclog. Geolog. Helvetiae. T. 14. 1916. S. 276—277.

[2]) Heritsch F. Die österreichischen und deutschen Alpen bis zur alpinodinarischen Grenze. (Ostalpen). Handbuch der regionalen Geologie. II. Bd. 5. Abt. 18. Heft. Heidelberg 1915. S. 129—132.

[3]) Kossmat F. Die mediterranen Kettengebirge in ihrer Beziehung zum Gleichgewichtszustande der Erdrinde. Abhandl. d. math.-phys. Klasse der sächsischen Akad. d. Wissenschaft. 3³. Bd. Nr. 2. Leipzig 1921. S. 18·

Eine Muschelkalkfauna aus der Nähe von Saalfelden.

Von F. Broili.

Vorgetragen in der Sitzung am 5. November 1927.

An der Hand der wichtigen Untersuchungen J. v. Pia's[1]) über die Südwestecke des Steinernen Meeres machte ich in der Osterwoche dieses Jahres, soweit es die ungünstigen Witterungs- und Schneeverhältnisse erlaubten, einige Touren in der Umgebung von Saalfelden. Gelegentlich einer solchen am Ostermontag morgen bemerkte ich in dem anisischen Steinalmkalk, der in der Nähe des Staubeckens des Saalfeldener Elektrizitätswerkes am Ausgang des Öfenbachgrabens gut aufgeschlossen ist, neben Diploporen vereinzelte Durchschnitte von Brachiopoden. In der Hoffnung, vielleicht brauchbares Material aus diesem Gestein bergen zu können, begab ich mich am Nachmittag nochmals dorthin. Meine Bemühungen in dieser Hinsicht verliefen allerdings ohne Ergebnis, dagegen entdeckte ich auf dem Weg, der sich unterhalb des markierten Steiges zum Kienalpkopf auf der rechten Bachseite zum Staubecken selbst hinzieht, in einem der herumliegenden, vom Wegbau herrührenden Blöcke eines schwarzgrauen Kalkes Querschnitte von Versteinerungen.

Beim Zerschlagen des ziemlich großen Blockes zeigte sich derselbe erfüllt von Organismen: ein sehr gut erhaltener Ptychites, ein Orthoceras, ein Nautilus, ein Exemplar von Monophyllites sphaerophyllus, welcher außer Schalenresten noch sehr gut die bezeichnende Lobenlinie aufwies, waren neben den Bruchstücken

---

[1]) Pia J., Geologische Skizze der Südwestecke des Steinernen Meeres bei Saalfelden mit besonderer Rücksicht auf die Diploporengesteine. Mit 1 Karte, 1 Profiltafel und 1 Textfigur. Sitzungsber. d. Akad. d. Wissensch. Wien, mathem.-naturw. Klasse. Abt. I. 132. Bd. 1—3. Heft, 1923.

weiterer Cephalopoden und den Schalen von Brachiopoden das lohnende Resultat.

Nach München zurückgekehrt ersuchte ich den in meinem Institute tätigen Diplom-Ingenieur Herrn G. Haber, diese lohnende Fundstelle für die Staatssammlung für Paläontologie und historische Geologie auszubeuten, und dank seiner Bereitwilligkeit und seines ausgezeichneten Blickes und großen Eifers gelangte durch ihn im Mai und Juni nach wiederholten Besuchen der Fundstelle eine reiche Sammlung hierher, die im Laufe der folgenden Wochen von unserem Präparator Herrn Kochner herauspräpariert wurde.

Der Steinalmkalk ist an diesem zum Staubecken hinführenden Steig ausgezeichnet aufgeschlossen. Er ist, wie durch v. Pia bereits gesagt wird, zu unterst ein klotziger, heller, weißlichgrauer, dick gebankter Kalk. Nach oben wird die Farbe dunkler, dann wieder heller, und zeigt stellenweise eine rötliche Aderung. Den Übergang zu den schwarzgrauen Hornsteinknollenkalken bilden dünner gebankte, ca. 20—30 cm dicke, graue Kalke mit bereits wulstiger Schichtfläche. Bei annähernder O-W Streichrichtung fallen sie ungefähr 45° nach N. ein. Dieselben sind auf der rechten Wegseite — dicht nach der zweiten Stützmauer — an dem Felsriegel, an welchem sich das Staubecken anlehnt, gut entblößt. In ihnen zeigen sich bereits einige Versteinerungen, die Hauptmasse aber findet sich in einer 15—25 cm mächtigen schwärzlichen Kalkbank, auf die sich die Hornsteinkalke in der von Pia geschilderten Entwicklung auflegen. In den mergelig-kalkigen Einschaltungen derselben und in den Knollenkalken selbst fand Herr Haber noch Fossilien, besonders Brachiopoden und Cephalopodenreste.

Das bis jetzt sortierte Material, unter dem sich auch einige neue Formen finden, ergibt auf Grund einer vorläufigen Bestimmung, bei der ich bei den Ammoniten die dankenswerte Unterstützung meines Assistenten, Herrn Dr. Wegele, fand, folgende Liste:

Crinoidea. Zahlreiche Reste von Crinoideenstielgliedern.
Brachiopoden:
Rhynchonella trinodosi Bittner 50 Exemplare.
    „   protractifrons Bittner 1 Exemplar.
    „   delicatula Bittner 1 Exemplar.

Rhynchonella sp. 4 Exemplare.

Waldheimia (Aulacothyris) angusta Schloth. 1 Jugend-Individuum.

? Coenothyris vulgaris Schloth. 1 Jugendexemplar.

Im Hinblick darauf, daß die Spiriferinen durch die Präparation mehr oder weniger große Teile ihrer Schalen verloren haben, bin ich bezüglich ihrer Bestimmung unsicher, zumal es sich bei der Mehrzahl um anscheinend glatte Spiriferinen handelt, die aber auf den inneren Schalenschichten oder am Steinkern eine Berippung vortäuschen oder auch zarte Radialleisten aufzeigen können.

Von der Gruppe der Spiriferina (Mentzelia) Mentzeli scheint die vielgestaltige Spiriferina (Mentzelia) Mentzeli Dunker selbst in 18 Exemplaren vorzuliegen.

Eine andere, schmalere, in 15 Stücken vertretene Form sei als Spiriferina cf. Fraasi Bittner einstweilen hier angereiht.

Spiriferina ? manca Bittner. 6 Exemplare.

Tetractinella trigonella Schloth. 3 Exemplare.

Außerdem liegen noch sehr zahlreiche Fragmente meist isolierter Klappen vor, die noch nicht sortiert, größtenteils aber wohl auf glatte Spiriferinen der Mentzelia Mentzeli-Gruppe zurückzuführen sind.

Lamellibranchiata:

Avicula sp. 1 Exemplar.

Pecten discites Schloth. 25 Exemplare.

Gervillia sp. 1 Exemplar.

Lima lineata Schloth. 4 Exemplare.

Lima striata Schloth. 2 Exemplare.

? Joannina sp. Eine rechte und linke Klappe, welche ich, einstweilen mit Vorbehalt, mit diesem von L. Waagen[1]) aus den Pachycardientuffen der Seiser Alp aufgestellten Genus aus der Familie der Myalinidae, vergleichen will. Bei der Form aus den Pachycardientuffen tritt der Kiel aber schärfer hervor, auch scheint die Schale dünner zu sein wie bei der Muschel aus Saalfelden. Man könnte auch an eine Myophoria denken, aber bei der in

---

[1]) Waagen L., Die Lamellibranchiaten der Pachycardientuffe der Seiser Alm etc. Abhandl. d. k. k. geol. Reichsanstalt. Bd. XVIII. Heft 2. 1907. S. 94. S. 34. Fig. 12—14.

Frage kommenden Myophoria laevigata ist das Profil des Kieles
ein gerades, meistens sogar ein leicht konkaves, während es bei
unserer Form ebenso wie bei Joannina aus den Pachycardientuffen
stark konvex ist, ferner sind die auf den Steinkernen von Myo-
phorien stets wahrzunehmenden Einschnitte der Zähne hier nicht
zu beobachten.

Gastropoda.

Leider ließ sich einstweilen eine genauere Bestimmung der
Gastropodenreste nicht durchführen, da die meisten bei der Präparation stark gelitten und ihre Skulptur verloren haben. Auch
sie sind innerhalb der Fauna nicht selten.

Die Gattung Sisenna und ? Worthenia dürfte in mehreren
Arten vertreten sein, außerdem finden sich fragmentär erhaltene
Stücke, die vielleicht auf Coelostylina, Trochus, Heterocosmia zurück-
zuführen sind.

Cephalopoda.

Nautiloidea.

Orthoceras sp. (cf. O. lateseptatum v. Hauer). Ein großes
Bruchstück mit teilweise erhaltener Schale zeigt eine Querstrei-
fung, die mit der von O. lateseptatum eine gewisse Ähnlichkeit
besitzt. Der Gehäusewinkel scheint aber größer wie bei diesem
zu sein.

Das Fragment eines kleinen Individuums gehört möglicherweise auch hierher.

Orthoceras aff. triadicum v. Moys. Durch den weiteren
gegenseitigen Abstand der Kammerscheidewände entfernt
sich die schlanke Form von dem sonst für die anisische Stufe
charakteristischen Orthoceras campanile Moys., bei welchem
die Septa ziemlich eng aufeinander folgen, und erinnert dadurch an
das karnische Orthoceras triadicum. 45 Exemplare.

Orthoceras sp. Ein Steinkern; der gegenseitige Abstand
der Kammerscheidewände kommt jenem von O. campanile ziemlich
nahe, die Form scheint aber rascher an Größe zuzunehmen.

Orthoceras sp. Vier Steinkerne einer rasch an Größe zu-
nehmenden Form mit sehr eng aufeinander folgenden Septen.

Die Gattung Orthoceras gehört zu den häufigsten Elementen
unserer Fauna. Außer den genannten liegen noch die Bruchstücke zahlreicher (ca. 70) Individuen vor, die wahrscheinlich noch

eine oder die andere Art repräsentieren dürften; auch zwei sehr kleine zierliche Species scheinen darunter vertreten zu sein.

Pleuronautilus distinctus v. Moys. Zu dieser Gruppe stelle ich eine Reihe von teilweise ausgezeichnet erhaltenen, noch die Schale mit Skulptur aufweisenden Exemplaren. Die Form kann bedeutend größer werden wie der bei Moysisovics abgebildete Typus der Gruppe von der Schreyeralm. Die Mehrzahl der Stücke ist tiefer genabelt wie das Original von Moysisovics in der Münchner Sammlung. Über 30 Exemplare.

„Nautilus", Gruppe des Grypoceras Palladii v. Moys. Ein kleineres und das Bruchstück eines größeren Exemplares. Der ziemlich breite, leicht gewölbte Externteil mit allmählicher Rundung in die flachen Seiten übergehend, größte Dicke in der Nähe des Nabels. Nabelwand sehr hoch und steil. Durch diese Merkmale steht die vorliegende Form dem Grypoceras haloricus v. Moys. näher als dem Typus der Gruppe, Grypoceras Palladii v. Moys., durch den relativ breiteren Externteil erscheint sie aber mehr niedermündig.

Pleuronautilus sp., Gruppe des Pl. subgemmatus. Eine kleine Form, die den von Arthaber zu dieser Gruppe gestellten Pl. crassescens v. Arth. und Pl. ambiguus v. Arth. auf Grund der ähnlichen Berippung nahe steht.

Von der Gruppe des Pleuronautilus Mosis Moys. liegt eine dem Typus Pl. Mosis Moys. sehr nahe verwandte und mir nach v. Hauers Abbildungen dieser Spezies aus dem bosnischen Muschelkalk auch ident erscheinende Form vor. Das vollständigste der 10 Individuen läßt auch deutlich den Durchbruch des inneren Nabels erkennen. Ein weiteres Bruchstück erinnert durch die Art seiner kräftigen Beknotung an Pleuronautilus trinodosus v. Moys. aus dieser Gruppe.

Anscheinend liegt unter dem Material noch der eine oder andere Vertreter dieser Gruppe vor.

Gruppe des Syringonautilus lilianus Moys. Bruchstücke zweier Individuen mit langsam anwachsenden Windungen, flachen Flanken, abgeflachtem Externteil, steil abfallender Nabelwand und rechteckigem Querschnitt erinnern außer durch diese Merkmale auch durch die auf den inneren Windungen erhaltene feine Gitterskulptur sehr an das von Moysisovics abgebildete Original: T.82, Fig.3.

Unter dem Material finden sich auch Fragmente sehr großer Nautiloidea; das kleinste unter ihnen hat in seinem raschen Zunehmen des Breitenwachstums große Ähnlichkeit mit dem Originale v. Moysisovics aus dem Muschelkalk von Reutte (Jahrb. d. k. k. geol. Reichsanstalt. 1869. T. 19. Fig. 1), seines Germanonautilus Tintoretti Moys, der sich in der Münchener Sammlung hefindet.

Ammonoidea:

Norites gondola v. Moys., 8 Exemplare.

Ceratites trinodosus v. Moys. Im Sinne der von Moysisovics gegebenen Beschreibung und der von ihm gebrachten Abbildung vereinige ich mit dieser Art eine Anzahl von Ceratiten: gegenüber der Lobenlinie des Originals von Reutte (Moysisovics: Cephalopoden der mediterr. Triasprovinz. T. VIII. Fig. 9) unterscheidet sich die Form von Saalfelden durch die breitere Gestalt der Sättel. 17 Exemplare.

Eine andere, gleichfalls trinodose, aber im Querschnitt schmalere Form, die in der zungenförmigen Gestalt der Sättel mehr dem Exemplar von Reutte ähnelt, sich aber durch die mehr dem Typus der Ceratiten entsprechende Ausbildung der Loben unterscheidet, sei einstweilen als Ceratites aff. trinodosus Moys. aufgeführt. 7 Exemplare.

Ein anderes Individuum fällt durch seine ungewöhnlich starke Skulptur aus der Reihe.

Von den Ceratitidae dürften noch weitere Spezies vorliegen.

Unter den Ammoniten ist Ptychites besonders reichhaltig vertreten:

Ptychites flexuosus v. Moys. Die für die Art bezeichnende Krümmung der Falten, die im übrigen sehr kräftig ausgebildet sind, setzt bei unseren Exemplaren erst bei relativ großen Individuen ein. 16 Stücke.

Ptychites aff. Studeri v. Hauer. 1 Exemplar. Durch den niederen ersten Seitensattel erinnert die Form an Pt. Studeri v. Hauer.

Ptychites Oppeli v. Moys. 15 Exemplare.

Ptychites eusomus v. Moys. 1 Exemplar.

Ptychites ?Sutneri v. Moys. 1 Exemplar.

Ptychites evolvens v. Moys. Eine innere Windung.

Ptychites megalodiscus Beyrich. 25 Stücke.

Ptychites cf. reductus v. Moys. 1 Exemplar.

Gymnites incultus Beyrich. 2 Exemplare.

Sturia Sansovini v. Moys. 2 Exemplare.

Monophyllites sphaerophyllus v. Hauer. 5 Exemplare.

Proarcestes Escheri v. Moys. 3 Exemplare.

Proarcestes Bramantei v. Moys. 1 Exemplar mit 2 Furchen. 7 Stücke mit nur einer erhaltenen Einschnürung.

Proarcestes cf. Bramantei v. Moys. 2 Stücke.

Proarcestes extralabiatus v. Moys. Zu dieser Art stelle ich mit Vorbehalt 5 kleine Individuen, von denen eines drei, die übrigen zwei erkennbare Einschnürungen in denselben Abständen erkennen lassen, wie sie v. Moysisovics bei seinem bedeutend größeren Individuum (Cephalopoden d. mediterr. Triasprovinz. T. 46. Fig. 1) auf dem vorderen Teil der Wohnkammer abbildet.

Durch die Feststellung einer so reichen Fauna in den unteren Lagen der anisischen Knollenkalke erfährt unsere Kenntnis über die anisische Stufe dieses Gebietes eine erfreuliche Bereicherung. Gerade die Knollenkalke hatten sich an Organismenresten bisher sehr steril gezeigt. Nur das Bruchstück einer Rhynchonella cf. semiplecta Münster war bisher durch Bittner in den dunklen Knollenkalken des „Tiefenbaches" (unseres Öfenbaches) gefunden worden [1]), die er später, wie Hahn [2]) bereits erkannte, und Pia [3]) an der Hand von Bittners Brachiopodenmonographie [4]) feststellt, mit Rhynchonella trinodosi vereint. Auf Grund dieser charakteristischen Art haben die beiden Autoren diese Knollenkalke als oberanisisch und den hangenden Ramsaudolomit als ladinisch bezeichnet.

Die Richtigkeit ihrer Deutung findet durch die vergleichende Zusammenstellung der Fauna volle Bestätigung. Nachdem die Bivalven des alpinen Muschelkalks noch nicht einer ein-

---

[1]) Bittner A., Aus den Salzburger Kalkhochgebirgen; Zur Stellung der Hallstätter Kalke. Verhandl. d. k. k. geol. Reichsanstalt. 1884. S. 104.

[2]) Hahn F., Grundzüge des Baues d. nördl. Kalkalpen zwischen Inn und Enns. Mitteil. d. geol. Gesellsch. Wien. III. 1913. S. 298.

[3]) Pia l. c. S. 48.

[4]) Bittner A., Brachiopoden der alpinen Trias. Abhandl. d. k. k. geol. Reichsanstalt. 14. Bd. Wien 1890. S. 15.

gehenden paläontologischen Bearbeitung unterzogen wurden, und
weil das vorliegende Gastropodenmaterial einstweilen keine sichere
Identifizierung gestattet, verbleiben uns vorläufig nur die Brachiopoden und Cephalopoden zur Deutung der Fauna.

Unser Fundplatz vom Öfenbach ist vor allem gekennzeichnet
durch das zahlreiche Auftreten von Rhynchonella trinodosi und
Spiriferina Mentzeli. Die erstere wird von Bittner[1]) geradezu als
Leitfossil für den oberen alpinen Muschelkalk bezeichnet.
Spiriferina Mentzeli ist im ganzen alpinen Muschelkalk verbreitet
und findet sich nach dem nämlichen Autor[2]) auch im Tiefengraben
bei Groß-Reifling an der Enns in Steiermark in Vergesellschaftung
mit Rhynchonella trinodosi. Die typische Spiriferina Fraasi stammt
aus einem höheren Horizont, nämlich den Partnachschichten des
Wendelsteins. Spiriferina manca wird von Bittner von Köveskálla
und aus dem Muschelkalk der Alpen angeführt. Was Tetractinella
trigonella anlangt, so ist sie, wie Bittner[3]) ausführt, anscheinend
an kein bestimmtes Niveau des Muschelkalks gebunden: bei Recoaro
geht sie hoch hinauf, und in Judicarien tritt sie in einzelnen Exemplaren im Niveau des Ceratites trinodosus und des Balatonites euryom-
phalus auf.

Die hier genannten Formen sind also allenthalben im ostalpinen
Muschelkalk verbreitet, werden aber nicht aus dem tiefsten Glied
der Hallstädter Entwicklung, den Trinodosusschichten von der
Schreyeralm (Gosau), der Schiechlinghöhe und vom Lärcheck angeführt mit der Ausnahme von Spiriferina Mentzeli, welche nach
Bittner[4]) durch Lepsius von der Schreyeralm zitiert wird, aber
meiner Ansicht nach möglicherweise auf die äußerlich ähnliche
Spiriferina ptychitiphila aus den Schreyeralmschichten zurückzuführen ist.

Dagegen hat unser Vorkommen mit der Hallstädter Entwicklung Rhynchonella protractifrons gemeinsam, und Rhynchonella
delicatula, die nach Bittner[5]) im Komitat Zala dort mit einer
anderen Hallstätterform des gleichen Niveaus, Rhynchonella re-

---

[1]) Bittner A., Brachiopoden der alpinen Trias. l. c. S. 15.
[2]) Bittner ibid. S. 25.
[3]) Bittner ibid. S. 19.
[4]) Bittner. Brachiopoden etc. l. c. S. 39.
[5]) Derselbe, ibidem. S. 17.

fractifrons, zusammen sich findet, scheint diesem Autor zufolge auch an der Schreyeralm aufzutreten.

Wenn wir von den vorläufig spezifisch nicht festgelegten Orthoceraten innerhalb der Cephalopoden[1]) absehen, so ist zunächst Pleuronautilus distinctus zu nennen, der aus der Zone des Ceratites trinodosus von der Schreyeralm wie von Reifling angeführt wird. Pleuronautilus Mosis findet sich nach Moysisovics sowohl in der Zone des Ceratites binodosus wie in der des C. trinodosus in den Alpen (in den Nordalpen: Schreyeralm).

Pleuronautilus trinodosus und Syringonautilus lilianus zitiert Moysisovics aus der Zone des Ceratites trinodosus von der Schreyeralm.

Die Gruppe des Pleuronautilus gemmatus ist sowohl in den Reiflinger Kalken wie auf der Schreyeralm vertreten.

Norites gondola wird relativ häufig aus der Trinodosus-Zone der Schreyeralm, sonst nur vereinzelt aus dem übrigen Gebiet angeführt.

Ceratites trinodosus, innerhalb der alpinen Entwicklung allgemein verbreitet, findet sich bei uns in den Nordalpen auf der Schreyeralm, der Schiechlinghöhe, am Lärcheck, in Reutte und im südl. Karwendel.

Ptychites flexuosus ist bezeichnend für die Zone des Ceratites trinodosus. In den Nordalpen treffen wir ihn außer in Reutte und im südl. Karwendel besonders häufig auf der Schreyeralm, der Schiechlinghöhe und am Lärcheck.

Ptychites Studeri ist bis jetzt nur aus der Zone des Ceratites binodosus bekannt.

---

[1]) Bei dem im Folgenden gegebenen Vergleiche der Vorkommen wurden an Literatur vorläufig nur zusammenfassende Arbeiten benützt: Moysisovics von Mojsvar E. Die Cephalopoden der mediterranen Triasprovinz. Abhandlungen d. k. k. geologischen Reichsanstalt X. Bd. 1882. Die Cephalopoden der Hallstätter Kalke. ibid. VI. Bd. 1873 bis 1902; ferner Hauer F. v. Die Cephalopoden des bosnischen Muschelkalkes von Han Bulog bei Serajewo. Denkschrift. d. math.-naturwiss. Kl. d. k. Akad. d. Wissensch. 54 Bd. 1887, ferner ibid. 59. Bd. 1892, ibid. 63. Bd. 1896. Ampferer O. und Hammer W. Geolog. Beschreibung des südl. Teiles des Karwendels. Jahrb. d. k. k. geol. Reichsanstalt 68. 1898. Arthaber G. v., Die Cephalopodenfauna der Reiflinger Kalke, Beiträge zur Paläontologie und Geologie Österreich-Ungarns und des Orients. Bd. X. 1896. Diener C. Die triadische Cephalopodenfauna der Schiechlinghöhe bei Hallstatt, ibid. Bd. XIII. 1901. Schlosser M., Das Triasgebiet von Hallein. Zeitschr. d. deutsch. geol. Gesellsch. 50. Bd. 1898. Reis O. M., Eine Fauna des Wettersteinkalkes. Geognostische Jahreshefte. 13. 1900. 18. 1905.

Ptychites Oppeli wird aus dem bosnischen Muschelkalk, aus den Reiflinger Kalken, von der Schreyeralm, der Schiechlinghöhe, dem Lärcheck und Reutte angeführt. Die gleiche Verbreitung in der Trinodosus-Zone besitzt auch Ptychites Sutneri und Ptychites megalodiscus. (Ptychites Sutneri nicht vom Lärcheck, Pt. megalodiscus nicht von der Schiechlinghöhe nachgewiesen, dagegen wird der letztere aus dem südlichen Karwendel angeführt).

Ptychites evolvens zeigt sich in der nämlichen Zone auf der Schreyeralm, der Schiechlinghöhe und in Judicarien.

Ptychites eusomus treffen wir in Reutte, auf der Schiechlinghöhe und der Schreyeralm innerhalb der Trinodosus-Zone, und von der letzten Lokalität ist auch Ptychites reductus bekannt geworden.

Gymnites incultus findet sich in den Nordalpen in der nämlichen Zone in Reutte, im südlichen Karwendel, am Lärcheck, auf der Schiechlinghöhe und der Schreyeralm, Sturia Sansovini wird aus den Nordalpen nur von der letzten Örtlichkeit, der Schiechlinghöhe und vom Lärcheck genannt, Monophyllites sphaerophyllus außer von diesen drei Fundorten noch von Reutte, vom südl. Karwendel und aus dem Wettersteinkalk, ferner ebenso wie die zwei vorausgehenden Formen auch aus dem bosnischen Muschelkalk; Monophyllites sphaerophyllus führt Moysisovics auch aus der Zone des Ceratites binodosus an (Val di Zoldo, Venetien).

Proarcestes Escheri zeigt sich in den Nordalpen in der Zone des Ceratites trinodosus auf der Schreyeralm und im südl. Karwendel. Ebenda begegnen wir Proarcestes extralabiatus, der gleichfalls vom Lärcheck und von Reutte zitiert wird.

Proarcestes Bramantei wird aus der Zone des Ceratites trinodosus von der Schreyeralm, vom Lärcheck, aus dem südlichen Karwendel und auch aus der Zone des Ceratites binodosus im Gebiet von Zoldo angeführt.

Auf Grund dieser vergleichenden Zusammenstellung der Brachiopoden- und Cephalopodenfauna ergibt sich als Alter für unseren Fundort: Zone des Ceratites trinodosus. Das Auftreten einer besonders an Cephalopoden reichen Fauna innerhalb einer typischen und regelmäßigen Schichtfolge der Berchtesgadener Fazies an der Südwestflanke des Steinernen Meeres ist von gewissem Interesse und für die Beziehung dieser Fazies zu der Hallstätter Entwicklung von einiger Bedeutung.

C. Diener[1]) hat in seiner gedankenreichen Abhandlung über die marinen Reiche der Triasperiode zu der Meinung Haugs, nach der die Hallstätter Kalke des Salzkammergutes einer besonderen, durch tektonische Grenzen scharf geschiedenen Decke angehören sollen, Stellung genommen und gezeigt, wie das kurze Zeit vorher durch Hahn[2]) für unser spezielles Gebiet schon geschehen war, daß diese Anschauung Haug's nicht mit den Beobachtungstatsachen in Einklang zu bringen ist. Nach der Auffassung Dieners[3]) stehen die Hallstätter Kalke unserer Ostalpen in so inniger Verbindung mit den Korallenriffkalken des Dachsteinkalkes, daß sie im Sinne J. Walthers[4]) in der Tat nur als Ausfüllungen von Spalten und Lücken in diesem gedeutet werden können. Neben diesen innig mit den Dachsteinkalkriffen verknüpften Bildungen findet sich aber nach Diener noch ein anderes Entwicklungsgebiet der Hallstätter Fazies, nämlich zwischen Berchtesgaden und dem Totengebirg. Hier liegt dieselbe abgesondert von der Region der Dachsteinkalkentwicklung unmittelbar über dem Haselgebirge der Untertrias, und obwohl sie mindestens von der anisischen Stufe ab die ganze Trias vertritt, ist sie durch eine sehr geringe Mächtigkeit gegenüber der Riffserie ausgezeichnet Diese Ausbildung hält Diener in Anlehnung an Moysisovics für bathyale Sedimente, welche sich in tieferen Rinnen und Kanälen niederschlugen, die zwischen den bis zum Meeresspiegel aufwachsenden Riffmassen frei blieben.

Neuerdings schließt sich Leuchs[5]) in seinen Ausführungen über diese Frage der Auffassung Dieners an, mit der Einschränkung, daß er die bathyale Deutung ablehnt. Leuchs nennt eine Reihe von Vorkommen, wo eine enge Verbindung zwischen Riff-, d. h. Berchtesgadener Fazies und der Hallstätter Entwicklung erfolgt, er betrachtet die letztere gewissermaßen als eine die Riffazies begleitende Nebenfazies. Die Riffe mit ihren Kalkalgen- und

---

[1]) Diener C., Die marinen Reiche der Triasperiode. Denkschriften d. K. Akad. d. Wissensch. Wien, mathem.-naturw. Kl. 92. Bd. 1915. S. 22 etc.

[2]) Hahn F., Grundzüge des Baues d. nördl. Kalkalpen etc. l. c. S. 297.

[3]) Diener C., Die marinen Reiche etc. l. c. S. 119 etc.

[4]) Walther J., Geschichte d. Erde u. d. Lebens. Leipzig 1908. S. 362.

[5]) Leuchs K. a) Lithogenetische Untersuchungen in den Kalkalpen. Centralblatt f. Mineral. etc. 1925. B. Nr. 7. S. 221 etc. b) Bayerische Alpen in Geologie von Bayern. Handbuch der Geologie und Bodenschätze Bayerns, herausgegeben von Prof. Dr. Krenkel. Bornträger. Berlin 1927. S. 47.

Korallenrasen liefern nach ihm innerhalb des räumlich engen Gebietes erst die Möglichkeit für das Leben der reichen Fauna der Hallstätter Entwicklung.

Mit diesen Anschauungen, daß die Hallstätter Kalke unserer Ostalpen nicht Sedimente eines ursprünglich selbständigen und räumlich getrennten Faziesbezirkes sind, sondern eine Nebenfazies der Berchtesgadener Ausbildung darstellen, läßt sich auch unser Vorkommen in ungestörter Lagerung innerhalb der typischen Berchtesgadener Entwicklung in Einklang bringen. Dasselbe ist zwischen dem Diploporenriff des Steinalmkalkes als Liegendem und dem gleichfalls Diploporen führenden Ramsaudolomit als Hangendem in Knollenkalke eingebettet und schließt eine „Hallstätter" Cephalopodenfauna ein. Wie aus der Fossilliste hervorgeht, ist eine Reihe von Arten direkt mit Formen aus dem benachbarten Hallstätter Gebiet identifiziert worden; bei verschiedenen andern, die zwar noch identifiziert wurden, habe ich auf kleine bestehende Differenzen hingewiesen, welche in der Art der Berippung, — die überhaupt bei unserer Fauna eine sehr kräftige ist — oder in kleinen Unterschieden in der Lobenlinie liegen; wieder andere habe ich, namentlich bei den Nautiliden, nur an eine bestimmte Gruppe angeschlossen.

Diese Differenzen, die mir bei räumlich nicht weit von einander gelegenen Fundpunkten: Lürcheck, Schreyeralm, Schiechlinghöhe einerseits und Südwestflanke des Steinernen Meeres andererseits auffielen, sind möglicherweise als Merkmale von Lokalrassen zu deuten, deren Entstehung durch die örtlichen, abweichenden Sedimentationsbedingungen, die im Gestein (roter Kalk — Knollenkalke) einen bleibenden Ausdruck finden, veranlaßt wurde.

Ein größerer Unterschied innerhalb beider Faunen besteht im Gegensatz zu den frei beweglichen Cephalopoden bei den sessilen Brachiopoden. Gerade die für die oberanisische Stufe so bezeichnende und in unserer Fauna so häufige Rhynchonella trinodosi fehlt — wenn auch in Rh. projectifrons eine verwandte Form vorliegt — mit der Mehrzahl unserer anderen Arten, der Hallstätter Fazies. Nur eine, vielleicht zwei Spezies teilt unser Vorkommen mit der Schreyeralm usw. und den

anderen Fundplätzen. Nun fällt gerade die Schreyeralm, wie aus
Bittners Beschreibung hervorgeht, ziemlich stark aus dem Rahmen
der übrigen alpinen triadischen Brachiopodenfaunen heraus und
repräsentiert eine interessante selbständige kleine Fauna. Es will
mir scheinen, als ob die Existenzbedingungen während der Sedi-
mentation der roten Hallstätter Kalke zur Trinodosus-Zeit für
die Brachiopoden nicht nur für die Schreyeralm, sondern auch
für Han Bulog und Haliluci, welche dieselbe Fauna beherbergen,
keine besonders günstigen waren, denn die Zahl der Arten (11 bei
der Schreyeralm) ist bei einem lange Jahre paläontologisch so
gut durchsuchten Gebiet gegenüber den Cephalopoden doch auffallend gering. Und von diesen 11 Arten sind nach Bittners
Angaben von diesem Fundort 3 Species (Terebratula laricimon-
tana, Rhynchonella productifrons, Spiriferina Köveskalliensis) nur
durch ein einziges Individuum, eine weitere Art (Rhynchonella projectifrons) bloß durch zwei Stücke vertreten, und
Rhynchonella retractifrons, Rhynchonella arcula und Retzia speci-
osa werden nur als vereinzelt vorkommend bezeichnet. —
Man kann demnach bei der Brachiopodenfauna der Schreyeralm
direkt von einer Faunula sprechen, deren einzelne Arten nach
Bittner[1] nahe spezifische Anklänge an die Formen des normalen
Muschelkalkes besitzen. Es gewinnt demach für mich den Anschein,
als ob es sich bei ihnen um Einwanderer aus dem normalen
Muschelkalksedimentationsraum handelt, die aber infolge
ungünstiger Bedingungen, die durch die Fazies veranlaßt
waren, eine selbständige Entwicklungsrichtung einschlugen.
Möglicherweise steht damit auch das für die roten Schreyeralmkalke
so bezeichnende Auftreten inverser Rhynchonellen in Zusammenhang.

Auf diese Weise läßt sich vielleicht die bestehende Differenz
zwischen der Brachiopodenfauna aus den Hornsteinknollenkalken der Trinodosus-Zone, die von schwarzgrauen, roten und
grünlichen Knollenkalken gebildet werden und welche nicht nur am
Steinernen Meer innerhalb der Berchtesgadener Fazies, sondern
auch im Bereiche der bayerisch-nordtiroler Fazies in den
nördlichen Kalkalpen, wie auch Pia[2]) mit Recht betont, einen

---

[1]) Bittner A., Brachiopod. l. c. S. 46.
[2]) Pia J., Geologische Skizze etc. l. c. S. 49.

weit verbreiteten Leithorizont darstellen, und jener nur lokal entwickelten, aus den gleichaltrigen roten Kalken der Hallerstätterfazies von der Schreyeralm stammenden erklären. Dieses Übergreifen der in unserem Anteil der nördlichen Kalkalpen dominierenden bayerisch-nordtiroler Entwicklung in die Riffbildungen der Berchtesgadener Facies ist demnach sehr bedeutsam nicht nur in lithologischer, sondern auch in faunistischer Hinsicht, da es aus der, wenn ich so sagen darf, normalen Entwicklung, die paläontologisch in der Fauna von Reutte und vom südl. Karwendel ihren Ausdruck findet, überleitet zu der Hallstätter Ausbildung.

Nachwort.

Während der Drucklegung wurde der Fundort im November weiter durch Herrn Diplom-Ingenieur Haber ausgebeutet, wobei er in außerordentlich zuvorkommender Weise die Unterstützung von Herrn Forstrat, Ingenieur Haiden, dem Vorstand der Wildbachverbauung in Zell am See fand, dem ich auch an dieser Stelle für seine freundliche Beihilfe den Dank der Staatssammlung zum Ausdruck bringen möchte. Einsetzender Schneefall setzte den Arbeiten, die im kommenden Frühjahr fortgesetzt werden sollen, ein Ende.

Über die Oszillationstheoreme der konjugierten Punkte beim Problem von Lagrange.

Von **Johann Radon** in Erlangen.

Vorgetragen in der Sitzung am 5. Nov. 1927.

Beim einfachsten Problem der Variationsrechnung gelten über die Lage der „konjugierten Punkte" eine Reihe von Aussagen, die in den Sturm'schen Sätzen über die Lösungen einer linearen Differentialgleichung 2. Ordnung wurzelnd, als Oszillationstheoreme bezeichnet werden können. Die Übertragung dieser Sätze auf das allgemeine Problem von Lagrange begegnet ernstlichen Schwierigkeiten. Zum erheblichen Teil sind diese zuerst von G. v. Escherich überwunden worden. In Bolzas „Vorlesungen über Variationsrechnung"[1]) werden die Oszillationstheoreme auf dem Umweg über die Theorie der zweiten Variation hergeleitet und der Mangel eines direkten Beweises betont. Das trifft nun freilich meiner Meinung nach nicht ganz das rechte; wenn man den Beweisgang von G. v. Escherich[2]) genauer verfolgt, so sieht man, dass er gänzlich ohne Zusammenhang mit der Theorie der 2. Variation dargestellt werden kann. Nur sind seine Entwicklungen wenig durchsichtig, was übrigens unvermeidlich scheint, wenn man von den Lagrange-Eulerschen Gleichungen ausgeht, und verwenden, was ebenfalls unvermeidlich scheint, Hilfsmittel, die gleichzeitig auch zur Transformation der 2. Variation dienen. So kann leicht der Eindruck entstehen, die Theorie der 2. Variation sei für die Beweismethoden von v. Escherich wesentlich.

---

[1]) Leipzig und Berlin 1909. — § 76 g).
[2]) Wiener Berichte Bd. 107 u. 108. Insbesondere Bd. 108, S. 1269—1340.

Im folgenden suche ich diese Dinge in einer möglichst durchsichtigen Form darzustellen; dazu verhilft zweierlei: einmal gehe ich von Hamiltons kanonischer Form der Gleichungen der Variationsrechnnng aus und dann mache ich reichlichen Gebrauch vom Matrizenkalkül. Der erste Umstand bringt von vornherein eine große formale Symmetrie und Übersichtlichkeit in das ganze Gebiet herein, der zweite gestaltet möglichste Kürze der Schreibweise. Als charakteristische Beispiele möchte ich auf meine Formel (7) verweisen, die dem Wesen nach dasselbe ist, wie die „Fundamentalformel" von v. Escherich[1]) und auf Formel (8), die auch formal sofort als direkte Verallgemeinerung des folgenden Sachverhaltes erscheint:

Sind u_1, u_2 zwei in bestimmter Weise normierte Lösungen der linearen Differentialgleichung zweiter Ordnung:

$$\frac{d}{dx}\left(\frac{1}{p(x)}\frac{du}{dx}\right) + q(x)\,u = o$$

so gilt:

$$\frac{d}{dx}\left(\frac{u_2}{u_1}\right) = \frac{p(x)}{u_1^2}.$$

Als wesentlicher sachlicher Fortschritt meiner Betrachtung über G. v. Escherichs Resultate hinaus ist Satz 3 anzusehen, den G. v. Escherich in seinen ersten Abhandlungen[2]) bewiesen zu haben glaubte, wie er aber später selbst bemerkt hat[3]), mit Unrecht. Durch diesen Satz wird erst die volle Abrundung erreicht und der Beweis der Sätze 4—6 ermöglicht.

Was die Darstellungsform angeht, schien es mir am besten, zunächst von jeder Beziehung zur Variationsrechnung abzusehen und meine Sätze rein als Oszillationstheoreme über ein gewisses System von linearen homogenen Differentialgleichungen zu formulieren und zu beweisen. Am Schlusse der Arbeit wird dann die Brücke zur Variationsrechnung geschlagen.

1. Ich stelle zuerst kurz die im folgenden verwendeten Bezeichnungen und Regeln der Matrizenrechnung zusammen. Es werden auftreten:

---

[1]) Vgl. Bolza, Vorlesungen, S. 630.

[2]) Wiener Berichte, Bd. 107, S. 1410.

[3]) Ebenda, Bd. 108, S. 1269 f.

a) einreihige Matrizen aus n Zahlen; Bezeichnung:

$$\alpha = \begin{pmatrix} a_1 \\ a_2 \\ \vdots \\ a_n \end{pmatrix}, \quad \beta = \begin{pmatrix} \beta_1 \\ \beta_2 \\ \vdots \\ \beta_n \end{pmatrix} \text{ usw.}$$

b) n-reihige quadratische Matrizen; Bezeichnung:

$$A = \begin{pmatrix} a_{11} \cdots a_{1n} \\ \cdots\cdots\cdots \\ a_{n1} \cdots a_{nn} \end{pmatrix}, \quad E = \begin{pmatrix} 1 & 0 & \cdots & 0 \\ 0 & 1 & \cdots & 0 \\ \cdots\cdots\cdots \\ 0 & 0 & \cdots & 1 \end{pmatrix} \text{ (die Einheitsmatrix).}$$

c) $2n$-reihige quadratische Matrizen; wir zerlegen sie immer in 4 Teilfelder, in deren jedem eine Matrix vom Typus b) steht, z. B. bedeutet:

$$\begin{pmatrix} \Lambda & M \\ P & \Sigma \end{pmatrix} = \begin{pmatrix} \lambda_{11} & \cdots & \lambda_{1n} & \mu_{11} & \cdots & \mu_{1n} \\ \cdots\cdots\cdots\cdots\cdots\cdots \\ \lambda_{n1} & \cdots & \lambda_{nn} & \mu_{n1} & \cdots & \mu_{nn} \\ \varrho_{11} & \cdots & \varrho_{1n} & \sigma_{11} & \cdots & \sigma_{1n} \\ \cdots\cdots\cdots\cdots\cdots\cdots \\ \varrho_{n1} & \cdots & \varrho_{nn} & \sigma_{n1} & \cdots & \sigma_{nn} \end{pmatrix}$$

Die Transponierte einer Matrix A wird mit A' bezeichnet; das Zeichen $'$ wird also im folgenden niemals zur Bezeichnung von Differentialquotienten verwendet. Es ist z. B.

$$\alpha' = (a_1 \; a_2 \; \cdots \; a_n); \quad \begin{pmatrix} A & M \\ P & \Sigma \end{pmatrix}' = \begin{pmatrix} A' & P' \\ M' & \Sigma' \end{pmatrix}, \quad (AB)' = B'A'.$$

Das Produkt von Matrizen bezeichnen wir in üblicher Weise; es ist z. B.

$$\alpha' A \beta = \beta' A' \alpha$$

die Bilinearform $a_{ik} \, a_i \, \beta_k$, sie geht durch die Substitutionen:

$$\alpha = \Gamma_1 \, \bar{\alpha}, \quad \beta = \Gamma_2 \, \beta$$

in die Form:

$$\alpha' \, \Gamma_1' \, A \, \Gamma_2 \, \beta$$

über.

Bei der Multiplikation von Matrizen des Typus c) kann wie bei der gewöhnlichen Multiplikationsregel verfahren werden:

$$\begin{pmatrix} A & B \\ \Gamma & \Delta \end{pmatrix} \begin{pmatrix} \Lambda & M \\ P & \Sigma \end{pmatrix} = \begin{pmatrix} A\Lambda + BP & AM + B\Sigma \\ \Gamma\Lambda + \Delta P & \Gamma M + \Delta\Sigma \end{pmatrix}.$$

Differentiation einer Matrix, deren Elemente Funktionen von x sind, bedeutet Ersetzung ihrer sämtlichen Elemente durch ihre Differentialquotienten; es gilt die Regel:

$$\frac{d(AB)}{dx} = \frac{dA}{dx}B + A\frac{dB}{dx}$$

und für die Ableitung der Reziproken A^{-1} der quadratischen Matrix A findet man leicht:

$$\frac{dA^{-1}}{dx} = - A^{-1}\frac{dA}{dx}A^{-1}.$$

2. Es sei vorausgeschickt, daß sich alle folgenden Betrachtungen im Gebiete der **reellen Zahlen** bewegen. Ferner benutzen wir ausnahmslos die bekannte Regel, bei Summierung über doppelt auftretende Stellenzeiger das Summenzeichen zu unterdrücken.

Wir betrachten das System linearer Differentialgleichungen:

$$\frac{d\eta_i}{dx} = \beta_{ki}(x)\,\eta_k + \gamma_{ki}(x)\,\pi_k, \quad \gamma_{ik} = \gamma_{ki},$$
$$i, k = 1, 2 \ldots n \,(1)$$
$$\frac{d\pi_i}{dx} = - a_{ik}(x)\eta_k - \beta_{ik}(x)\pi_k, \; a_{ik} = a_{ki},$$

Wir können es in der Matrizenschreibweise kurz so anschreiben:

$$\frac{d\eta}{dx} = B'\eta + \Gamma\pi, \frac{d\pi}{dx} = - A\eta - B\pi, (A, \Gamma \text{ symmetrisch}) \,(1')$$

Die Koeffizienten a_{ik}, β_{ik}, γ_{ik} setzen wir in einem offenen x-Intervalle (a, b), auf das wir uns im folgenden durchaus beschränken, als stetig voraus. Da nach $(1')$ auch:

$$\frac{d\eta'}{dx} = \eta'B + \pi'\Gamma, \quad \frac{d\pi'}{dx} = -\eta'A - \pi'B',$$

so folgt leicht, daß für irgend zwei Lösungen $\begin{pmatrix}\eta^1\\\pi^1\end{pmatrix}$ bzw. $\begin{pmatrix}\eta^2\\\pi^2\end{pmatrix}$ von (1) die Beziehung gilt:

$$\frac{d}{dx}(\eta^{1'}\pi^2 - \pi^{1'}\eta^2) = 0, \text{ also } \eta^{1'}\pi^2 - \pi^{1'}\eta^2 = \text{const.} \quad (2)$$

Schreibt man jetzt ein beliebiges System von $2n$ Lösungen von (1) in Form einer Matrix:

$$
\begin{pmatrix}
\eta_1^1 & \cdots & \cdots & \eta_1^{2n} \\
\cdots & \cdots & \cdots & \cdots \\
\eta_n^1 & \cdots & \cdots & \eta_n^{2n} \\
\pi_1^1 & \cdots & \cdots & \pi_1^{2n} \\
\cdots & \cdots & \cdots & \cdots \\
\pi_n^1 & \cdots & \cdots & \pi_n^{2n}
\end{pmatrix}
= \begin{pmatrix} H_1 & H_2 \\ \Pi_1 & \Pi_2 \end{pmatrix},
\tag{3}
$$

so folgt aus (2), daß die Elemente des Matrizenproduktes:

$$
\begin{pmatrix} \Pi_2', & -H_2' \\ -\Pi_1', & H_1' \end{pmatrix}
\begin{pmatrix} H_1 & H_2 \\ \Pi_1 & \Pi_2 \end{pmatrix}
\tag{4}
$$

sämtlich konstant sind. Unser Augenmerk ist nun im folgenden ausschließlich auf den Fall gerichtet, daß dieses Matrizenprodukt die $2n$-reihige Einheitsmatrix

$$
\begin{pmatrix} E & 0 \\ 0 & E \end{pmatrix}
$$

liefert. Das Lösungssystem (3) soll in diesem Falle ein ausgezeichnetes heißen. Da seine Determinante gewiß nicht verschwindet, so ist ein ausgezeichnetes Lösungssystem gewiß ein Fundamentalsystem für (1). Speziell erhält man ein ausgezeichnetes Lösungssystem durch die Forderung, daß an irgend einer Stelle x_0 von (a, b) die Teilmatrizen von (3) die speziellen Werte annehmen:

$$
H_1(x_0) = E, \quad H_2(x_0) = 0, \quad \Pi_1(x_0) = 0, \quad \Pi_2(x_0) = E
$$

Dieses spezielle ausgezeichnete Lösungssystem nennen wir kurz das zu x_0 gehörige normierte Lösungssystem.

Nach der Definition der ausgezeichneten Lösungssysteme gilt für ein solches:

$$
\begin{pmatrix} H_1 & H_2 \\ \Pi_1 & \Pi_2 \end{pmatrix}^{-1}
= \begin{pmatrix} \Pi_2' & -H_2' \\ -\Pi_1' & H_1' \end{pmatrix}
\tag{5}
$$

Bildet man das Produkt (4) in umgekehrter Reihenfolge, so erhält man also wieder die Einheitsmatrix; daraus folgt im besonderen:

$$
H_1 \Pi_2' - H_2 \Pi_1' = 0,
\tag{6}
$$

d. h. $H_1 \Pi_2'$ ist symmetrisch.

Weiter kann man aus (1′) entnehmen:

$$\frac{d}{dx}\begin{pmatrix}H_1 & H_2 \\ \Pi_1 & \Pi_2\end{pmatrix} = \begin{pmatrix} B' & I' \\ -A & -B\end{pmatrix}\begin{pmatrix}H_1 & H_2 \\ \Pi_1 & \Pi_2\end{pmatrix}$$

und daraus folgt für jedes ausgezeichnete System:

$$\begin{pmatrix}\dfrac{dH_1}{dx} & \dfrac{dH_2}{dx} \\[2mm] \dfrac{d\Pi_1}{dx} & \dfrac{d\Pi_2}{dx}\end{pmatrix} \cdot \begin{pmatrix} \Pi_2' & -H_2' \\ -\Pi_1' & H_1'\end{pmatrix} = \begin{pmatrix} B' & I' \\ -A & -B\end{pmatrix},$$

woraus wir speziell:

$$\frac{dH_2}{dx}H_1' - \frac{dH_1}{dx}\Pi_2' = \Gamma \tag{7}$$

erhalten.

Durch Differentiation von (6) oder aus der Symmetrie von Γ folgt noch:

$$H_1\frac{dH_2'}{dx} - H_2\frac{d\Pi_1'}{dx} = \Gamma \tag{7'}.$$

3. Wir führen jetzt die besonderen Voraussetzungen ein, die zur Herleitung unserer Oszillationstheoreme nötig sind.

I. Γ ist für alle x in (a, b) die Matrix einer **semidefiniten** oder **definiten Form**. Wir werden diese im folgenden stets als positiv annehmen, was keine Beschränkung der Allgemeinheit bedeutet (man ändere im anderen Falle bloß die Vorzeichen aller π).

II. Es existiert keine Lösung von (1), für die **alle** η in einem Teilintervall von (a, b) sämtlich Null sind, außer der trivialen Lösung $\eta = 0$, $\pi = 0$.

Aus II. folgt, daß für jede Lösung von (1) die π durch die zugehörigen η schon in jedem Teilintervalle von (a, b) eindeutig bestimmt sind. Wenn wir aber im folgenden z. B. eine Lösungsmatrix H haben, so ist das zugehörige Π völlig bestimmt. Wir sprechen daher im folgenden kurz von einem ausgezeichneten Lösungssystem $(H_1 H_2)$ usw. Ein System von n Lösungen von (1), das durch eine quadratische Matrix Π_1 dargestellt wird, soll **konjugiert** heißen, wenn es eine zweite Matrix H_2 gibt, sodaß $(H_1 H_2)$ ein **ausgezeichnetes** Lösungssystem ist. H_2 ist dann auch ein konjugiertes System, denn mit (H_1, Π_2)

ist auch $(H_2, - H_1)$ ausgezeichnet. Ein Kriterium für konjugierte Systeme benötigen wir im folgenden nicht; daher unterdrücken · wir den unschwer zu führenden Beweis des Satzes:

H_1 ist dann und nur dann ein konjugiertes System, wenn es mit dem zugehörigen H_1 die Bedingung $H_1' H_1 - H_1' H_1 = 0$ erfüllt.

4. Wir beweisen jetzt:

Satz 1. In dem Teilintervalle (α, β) von (a, b) sei die Determinante des konjugierten Systems H_1 von Null verschieden. Dann gibt es keine Lösung von (1), für welche sämtliche η an zwei Stellen x_1, x_2 von (α, β) den Wert Null annehmen, ohne zwischen x_1 und x_2 identisch Null zu sein.

Wir ergänzen das konjugierte System H_1 zu einem ausgezeichneten Lösungssystem $(H_1 H_2)$ und betrachten die Matrix:

$$\Theta (x) = H_1^{-1} H_2,$$

die in (α, β) sicher existiert. Zunächst folgt aus (6) leicht, daß $\Theta (x)$ symmetrisch ist. Wir berechnen nun die Ableitung von $\Theta (x)$ und erhalten auf Grund von (6) und (7) sukzessive:

$$\frac{d\Theta}{dx} = - H_1^{-1} \frac{dH_1}{dx} H_1^{-1} H_2 + H_1^{-1} \frac{dH_2}{dx}$$

$$= - H_1^{-1} \frac{dH_1}{dx} \Theta + H_1^{-1} \frac{dH_2}{dx}$$

$$= - H_1^{-1} \frac{dH_1}{dx} H_2^1 H_1^{-1'} + H_1^{-1} \frac{dH_2}{dx}$$

$$= H_1^{-1} \left(\frac{dH_2}{dx} H_1' - \frac{dH_1}{dx} H_2' \right) H_1^{-1'}$$

$$\frac{d(H_1^{-1} H_2)}{dx} = H_1^{-1} \Gamma H_1^{-1'} \tag{8}$$

Nehmen wir jetzt an, für eine nicht-triviale Lösung von (1) verschwinden in x_1 und x_2 sämtliche η. Da $(H_1 H_2)$ ein Fundamentalsystem ist, so gibt es $2n$ Konstante $\alpha_1 .. \alpha_n$, $\beta_1 .. \beta_n$, sodaß:

$$\begin{aligned} H_1 (x_1) \alpha + H_2 (x_1) \beta = 0 \\ H_1 (x_2) \alpha + H_2 (x_2) \beta = 0 \end{aligned} \quad \text{oder} \quad \begin{aligned} \alpha + \Theta (x_1) \beta = 0 \\ \alpha + \Theta (x_2) \beta = 0 \end{aligned}$$

Man sieht hieraus, daß die β nicht sämtlich Null sein können. Nun ist:

$$0 = \beta' \, \Theta\,(x_2)\,\beta - \beta' \, \Theta\,(x_1)\,\beta = \int_{x_0}^{x_1} \beta' \, H_1^{-1} \, \Gamma \, H_1^{-1'} \, \beta \, dx > 0$$

wegen des positiven Charakters von Γ. Man erkennt sofort, daß der Integrand identisch Null sein muß. Aus

$$\beta' \, H_1^{-1} \, \Gamma \, H_1^{-1'} \, \beta = 0$$

folgt aber, weil Γ positiven Charakter hat,

$$H_1^{-1'} \, \Gamma \, H_1^{-1'} \, \beta = 0, \quad \text{also} \quad \frac{d\,(\Theta\,\beta)}{dx} = 0.$$

Folglich müßte zwischen x_1 und x_2 beständig

$$\Theta\,(x)\,\beta + \alpha = 0$$

gelten, dann würden aber die η zwischen x_1 und x_2 identisch verschwinden, w. z. b. w.

Es sei ausdrücklich darauf verwiesen, daß beim Beweise von Satz 1 die Voraussetzung II nicht zur Verwendung gelangt ist.

Satz 2. Bedeutet $(H_1\,H_2)$ das zur Stelle x_0 gehörige normierte Lösungssystem, so hat die Determinante $|\,H_2\,|$, deren Elemente in x_0 alle Null sind, in x_0 eine isolierte Nullstelle.

Der Satz ist eine einfache Folgerung aus Satz 1 und der Voraussetzung II. Da nämlich H_1 ebenfalls ein konjugiertes System vorstellt und $|\,H_1\,(x_0)\,| = 1$ ist, zeigt die Anwendung von Satz 1 auf ein Intervall um x_0, in welchem $|\,H_1\,| \neq 0$, daß für keine Lösung von (1) sämtliche η in x_0 und einem benachbarten Punkte Null sein können, ohne identisch zu verschwinden. Wäre aber $|\,H_2\,(\xi)\,| = 0$, so könnte man die Konstanten α so wählen, daß sie nicht alle Null sind und:

$$H_2\,(\xi)\,\alpha = 0.$$

Nach der eben gemachten Bemerkung müßte dann $H_2\,(x)\,\alpha$ in der Umgebung von x_0 identisch Null sein und wir hätten im Widerspruch zu der Voraussetzung II in $H_2\,\alpha$, $\Pi_2\,\alpha$ eine nichttriviale Lösung von (1) vor uns, deren sämtliche η in einem Intervalle identisch verschwinden.

5. Wesentlich wird die Voraussetzung II auch beim Beweise von:

Satz 3. Die Determinante $|H_1|$ eines konjugierten Systems kann in keinem Teilintervall von (a, b) identisch Null sein.

Sei $|H_1|$ in einem Intervalle δ von (a, b) identisch Null. Wenn dann ϱ der größte Wert ist, den der Rang von H_1 in δ annimmt, so gibt es offenbar ein Teilintervall δ' von δ, in welchem eine Determinante ϱ^{ter} Ordnung aus H_1 nicht verschwindet. In δ' ist dann H_1 beständig vom Range ϱ und das Gleichungssystem:

$$H_1 \, a = 0 \qquad (\text{oder } a' \, H_1 = 0) \tag{9}$$

besitzt $n - \varrho$ linear unabhängige Lösungen $a^{(1)} \ldots a^{(n-\varrho)}$, die als stetig differenzierbare Funktionen von x angenommen werden können.

Wir bilden jetzt für eine beliebige dieser Lösungen nach (7'):

$$a' \, \Gamma a = a' \, H_1 \, \frac{d H_1'}{d x} \, a - a' \, H_2 \, \frac{d H_1'}{d x} \, a = - \, a' \, H_2 \, \frac{d H_1'}{d x} \, a.$$

Aus (8) folgt aber:

$$\frac{d H_1'}{d x} \, a + H_1' \, \frac{d a}{d x} = 0, \tag{10}$$

sodaß wir erhalten:

$$a' \, \Gamma a = a' \, H_2 \, H_1' \, \frac{d a}{d x}$$

und nach (6):

$$a' \, \Gamma a = a' \, H_1 \, H_2' \, \frac{d a}{d x} = 0.$$

Da aber Γ die Matrix einer semidefiniten Form ist, schließen wir aus dem letzten Ergebnis sogleich:

$$\Gamma a = a' \, \Gamma = 0.$$

Nun liefert das System (1):

$$\frac{d H_1}{d x} = B' \, H_1 + \Gamma H_1$$

und wir erhalten:

$$a' \, \frac{d H_1}{d x} = a' \, B' \, H_1, \qquad \frac{d H_1'}{d x} \, a \, H_1' = B a$$

und nach (10):

$$H_1' \left(\frac{d\,a}{d\,x} + B\,a \right) = 0.$$

Da demnach

$$\frac{d\,a}{d\,x} + B\,a$$

gleichzeitig mit a die Gleichungen (9) befriedigt, so ergibt sich:

$$\frac{d\,a^{(\nu)}}{d\,x} + B\,a^{(\nu)} = w^{(\nu,\,\mu)}\,a^{(\mu)},$$

wo die $w^{(\nu,\,\mu)}$ stetige Funktionen von x sind.

Bestimmen wir jetzt ein nicht - triviales Lösungssystem $u^{(1)} \ldots u^{(n-\varrho)}$ der linearen Differentialgleichungen:

$$\frac{d\,u^{(\nu)}}{d\,x} + w^{(\mu,\,\nu)}\,u^{(\mu)} = 0,$$

so genügt die Linearkombination der $a^{(\mu)}$:

$$a = u^{(\nu)}\,a^{(\nu)}$$

ebenfalls den Gleichungen (9) und es gilt für sie:

$$\frac{d\,a}{d\,x} + B\,a = u^{(\nu)}\,\frac{d\,a^{(\nu)}}{d\,x} + \frac{d\,u^{(\nu)}}{d\,x}\,a^{(\nu)} + u^{(\nu)}\,B\,a^{(\nu)}$$
$$= u^{(\nu)}\,w^{(\nu,\,\mu)}\,a^{(\mu)} - u^{(\mu)}\,w^{(\mu,\,\nu)}\,a^{(\nu)} = 0.$$

Als Linearkombination aus den $a^{(\nu)}$ mit nicht durchaus verschwindenden Koeffizienten können die a nicht sämtlich Null sein.

Da wir nun gezeigt haben:

$$\varGamma\,a = 0, \quad \frac{d\,a}{d\,x} = -\,B\,a,$$

so stellt $\eta = 0$, $\pi = a$ in δ' eine nicht-triviale Lösung von (1') vor, für die alle η verschwinden. Nach II darf es keine solche geben, womit der Beweis beendet ist.

6. Wir kommen jetzt zum Begriff der konjugierten Punkte. Sei x_0 ein beliebiger Punkt aus (a, b) und das zugehörige normierte Lösungssystem mit $(H_1\,H_2)$ bezeichnet. Eine Lösung von (1), deren η sämtlich in x_0 verschwinden, muß sich aus den in H_2 stehenden Lösungen linear mit konstanten Koeffizienten a kombinieren:

$$\eta = H_2\,a$$

und wenn die η noch in einem weiteren Punkt Null sein sollen, ohne identisch zu verschwinden, so muß dort $|H_2| = 0$ sein. Nach Satz 2 gibt es in (a, b) unter den Nullstellen von $|H_2|$, die $> x_0$ — wenn es überhaupt solche gibt — eine kleinste x_0', unter den Nullstellen $< x_0$ eine größte x_0''. Die erstere heißt der vordere, die letztere der hintere konjugierte Punkt von x_0. Es bedeutet also z. B. der vordere konjugierte Punkt x_0' die erste auf x_0 folgende Stelle, für die es ein Lösungssystem von (1) gibt, dessen η in x_0 und x_0' sämtlich Null sind, ohne identisch zu verschwinden. Analog beim hinteren konjugierten Punkt. Wir beweisen jetzt:

Satz 4. Ist $x_0 < x_1$ und existiert zu x_1 der vordere konjugierte Punkt x_1', so ist auch x_0' vorhanden und zwar gilt $x_0' < x_1'$. (Analog für den hinteren konjugierten Punkt unter Umkehrung der Ungleichheitszeichen).

Wir beweisen zuerst, daß $x_0' \leq x_1'$. Wäre x_0' nicht vorhanden oder $> x_1'$, so würde das zu x_0 gehörige normierte Lösungssystem (H_1, H_2) in H_2 ein konjugiertes System liefern, dessen Determinante für $x_1 < x < x_1'$ von Null verschieden wäre. Da es aber ein Lösungssystem von (1) gibt, dessen η in x_1 und x_1' Null sind, ohne identisch zu verschwinden, erhalten wir einen Widerspruch gegen Satz 1. Bis jetzt sind wir wieder ohne die Voraussetzung II ausgekommen.

Es ist nun noch der Fall $x_0' = x_1'$ auszuschließen. Bezeichnet ξ einen Wert zwischen x_0 und x_1, so zeigt die Anwendung des bereits Bewiesenen, daß ξ' existiert und $< x_1'$ sein muß, da $\xi < x_1$. Ebenso folgt aber dann $x_0' \leq \xi'$, da $x_0 < \xi$. Wenn $x_0' = x_1'$, müßte also für alle ξ zwischen x_0 und x_1 der vordere konjugierte Punkt mit x_0' identisch sein, also eine Lösung von (1) existieren, deren η in ξ und x_0' Null sind, ohne identisch zu verschwinden. Kombiniert man diese Lösung linear aus $\tilde{H}_2$ wo $(\tilde{H}_1, \tilde{H}_2)$ das zu x_0' gehörige normierte System ist, so sieht man sogleich, daß die Determinante $|\tilde{H}_2|$ im Intervall $[x_0 \, x_1]$ identisch verschwinden würde. Damit kommen wir in Widerspruch zu Satz 3.

Wir bringen endlich die Lehre von den konjugierten Punkten zu einem gewissen Abschluß durch die folgenden beiden Sätze:

Satz 5. Ist x_1 der vordere konjugierte Punkt von x_0, so ist x_0 der hintere konjugierte Punkt von x_1 (und umgekehrt).

Da es eine Lösung von (1) gibt, deren η in x_0 und x_1 Null sind, so muß der hintere konjugierte Punkt von x_1 — er heiße x_1'' — existieren und $> x_0$ sein. Wäre x_1'' aber $> x_0$, so gäbe es wieder eine Lösung von (1), deren η in x_1'' und x_1 Null sind, es wäre also der vordere konjugierte Punkt von x_1'' vorhanden und $\leqq x_1$, was mit Satz 4 in Widerspruch steht.

Wir können nach Satz 5 von „konjugierten Punkten" $x_0 \, x_0'$ schlechthin reden, ohne beständig zu unterscheiden, ob x_0' der vordere konjugierte Punkt von x_0 oder x_0 der hintere konjugierte Punkt von x_0' ist. Es möge nun das Intervall (a, b) zwei konjugierte Punkte ξ, ξ' enthalten. Wählen wir $x_0 < \xi$ in (a, b), so muß x_0' nach Satz 4 existieren und $< \xi'$ sein. Wählen wir ferner $x_1' > \xi$ in (a, b) so muß nach Satz 4 und 5 auch $x_1 > \xi$ existieren. Fassen wir die Abszisse des (vorderen) konjugierten Punktes von x als Funktion von x auf, so ist diese Funktion für $x_0 < x < x_1$ definiert, monoton wachsend (im strengen Sinn) und ihr Wertevorrat liegt in dem Intervall $x_0' < x \leqq x_1'$. Wir können aber denselben Schluß für x als Funktion von x' machen, indem wir x als hinteren konjugierten Punkt ansehen und erhalten so offenbar die Umkehrung der zuerst betrachteten Funktion als für $x_0' \leqq x < x_1'$ definierte, streng monotone Funktion von x'. Daraus schließt man leicht, daß beide Funktionen stetig sind. Wir haben so erhalten:

Satz 6. Die Abszisse des vorderen konjugierten Punktes von x ist, soweit sie existiert, eine stetige, streng monoton wachsende Funktion von x. Ihre obere Grenze ist mit b identisch. Analog für den hinteren konjugierten Punkt.

Anschaulich gesprochen: bei wachsendem x bewegt sich x' beständig wachsend bis an die Grenze des Stetigkeitsintervalls (a, b).

7. Es soll jetzt kurz die Anwendung der entwickelten Theorie auf die Variationsrechnung gemacht werden. Sie ergibt sich daraus, daß in der Umgebung eines regulären[1]) Extremalenbogen, die Lagrange-Eulerschen Gleichungen in Form eines kanonischen Systems:

---

[1]) „regulär" soll heißen: längs des Bogens ist die Determinante nicht Null, die Bolza (Vorlesungen), § 72 a) mit R bezeichnet.

$$\frac{d\,y_i}{d\,x} = \frac{\partial H}{\partial p_i}, \quad \frac{d\,p_i}{\partial x} = -\frac{\partial H}{\partial y_i}\,(i = 1, 2 \dots n) \qquad (11)$$

geschrieben werden können.

Es sind dabei über die in den Angaben des Problems von Lagrange auftretenden Funktionen die üblichen Stetigkeitsvoraussetzungen zu machen. Stellen

$$y_i = y_i\,(x, a_1 \dots a_{2n}), \qquad p_i = p_i\,(x, a_1 \dots a_{2n})$$

die allgemeine Lösung von (11) vor, so genügen die partiellen Ableitungen:

$$\frac{\partial\,y_i}{\partial a_k} = \eta_i^{(k)}, \quad \frac{\partial\,p_i}{\partial a_k} = \pi_i^{(k)}$$

den „Variationsgleichungen" von (11):

$$\frac{d\eta_i}{dx} = H_{p_i\,y_k}\,\eta_k + H_{p_i\,p_k}\,\pi_k,$$

$$\frac{d\,\pi_i}{d\,x} = -H_{y_i\,y_k}\,\eta_k - H_{y_i\,p_k}\,\pi_k, \qquad (12)$$

also genau einem System der Form (1).

Nun waren für unsere Entwicklungen die Voraussetzungen I und II wesentlich. Was bedeuten sie für (12)?

Der Übergang von den Lagrange-Eulerschen Gleichungen zu (11) erfolgt bekanntlich durch den Ansatz:

$$p_i = F_{y_i'} \qquad H = y_i'\,F_{y_i'} - F,$$

wo F den mit Lagranges Multiplikatoren λ_ϱ gebildeten Ausdruck $f + \lambda_\varrho\,\varphi_\varrho$ bedeutet. Es handelt sich darum, statt der n durch die Bedingungen $\varphi_\varrho = 0$ gebunden y_i' und der Multiplikatoren λ_ϱ die n unabhängigen Variablen p_i einzuführen. Sehen wir also in den Gleichungen:

$$\varphi_\varrho = 0, \qquad p_i = F_{y_i'} \qquad (13)$$

x und die y_i als konstant an — da sie ja bei dieser Transformation keine Rolle spielen — so ist nach (11):

$$\frac{\partial H}{\partial p_i} = y_i', \quad \frac{\partial^2 H}{\partial p_i\,\partial p_k} = \frac{\partial y_i'}{\partial p_k}.$$

Bilden wir nun die quadratische Differentialform:

$$\frac{\partial' H}{\partial p_i\,\partial p_k}\,dp_i\,dp_k = dy_i'\,dp_i,$$

17*

so folgt aus (13):

$$dp_i = F_{y'_i y'_k} \, d y'_k + \varphi_{\varrho y'_i} \, d \lambda_\varrho, \qquad \varphi_{\varrho y'_i} \, dy_i = 0$$

$$\frac{\partial^2 H}{\partial p_i \, \partial p_k} \, dp_i \, dp_k = F_{y'_i y'_k} \, dy'_i \, dy'_k.$$

Erfüllt nun unsere Extremale die bekannte für ein Minimum notwendige Bedingung von Clebsch[1]), so folgt aus den erhaltenen Gleichungen, daß:

$$\frac{\partial^2 H}{\partial p_i \, \partial p_k} \, dp_i \, dp_k \geq 0.$$

Da die dp_i unabhängige Variable sind, ist unsere Voraussetzung I erfüllt. Man erkennt auch leicht, daß im Falle von m unabhängigen Bedingungsgleichungen $\varphi_\varrho = 0$ der Rang dieser quadratischen Form den Wert $n - m$ hat, sie also nur beim Fehlen von Bedingungsgleichungen definit ist.

Was endlich die Bedingung II betrifft, so besagt sie, daß die η_k für keine nicht-triviale Lösung von (12) in einem ganzen Intervalle verschwinden können; oder wenn die Gleichungen

$$c_k \frac{\partial y_i}{\partial a_k} = 0, \qquad i = 1, 2, \ldots n \tag{14}$$

in einem ganzen Intervalle bestehen, so sind alle c_k Null. Differenziert man nun die Euler-Lagrangeschen Gleichungen:

$$F_{y_i} - \frac{d F_{y'_i}}{dx} = 0, \quad \varphi_\varrho = 0 \quad (i = 1, 2, \ldots n, \; \varrho = 1, 2, \ldots m),$$

die ja durch die $y_i (x, a, \ldots a_{2n})$ und gewisse Multiplikatoren $\lambda_\varrho (x, a_1 \ldots a_{2n})$ erfüllt werden, nach den $a_\varkappa$ und kombiniert die Resultate linear mit den c_k, so ergibt (14), daß die Gleichungen:

$$\mu_\varrho \varphi_{\varrho y_i} - \frac{d (\mu_\varrho \varphi_{\varrho y'_i})}{dx} = 0, \; i = 1, 2, \ldots n,$$

durch

$$\mu_\varrho = c_k \frac{\partial \lambda_\varrho}{\partial a_k}$$

erfüllt werden. Ist nun jeder Teilbogen unserer Extremale normal[1]), so müssen die μ_ϱ identisch Null sein. Hieraus und aus

---

[1]) Vgl. Bolza, Vorlesungen, § 69, d.

(14) folgt aber dann sofort $c_k \dfrac{\partial p_i}{\partial a_k} = 0$, sodaß auf das Verschwinden aller c_k geschlossen werden kann.

Da ferner die Definition der „konjugierten Systeme"[1]) und „konjugierten Punkte", die wir oben benutzten, sich mit der in der Variationsrechnung üblichen deckt, so können wir das Endergebnis aussprechen:

Für einen regulären[2]) Extremalenbogen, der die Bedingung von Clebsch erfüllt und keinen anormalen Teilbogen enthält, gelten die oben entwickelten Sätze 1—6.

Erlangen, Ende Oktober 1927.

---

[1]) Dies folgt aus dem in 3. angegebenen Kennzeichen der konjugierten Systeme, wenn man die Bedingungen für konjugierte Systeme im Sinne von v. Escherich (Bolza, Vorlesungen, § 76 o) der kanonischen Gestalt der Variationsgleichungen anpackt.

[2]) Vgl. Anmerkg. S. 254.

Über den Hauptsatz der Polarentheorie der Kegelschnitte.

Von **Friedrich Schur** in Breslau.

Mit 1 Figur.

Vorgetragen in der Sitzung am 5. Nov. 1927.

Der Hauptsatz der Polarentheorie der Kegelschnitte, daß nämlich: diejenigen Punkte, welche von einem festen Punkte durch mit diesem in gerader Linie liegende Punktepaare des Kegelschnittes harmonisch getrennt sind, in einer Geraden, der Polaren des festen Punktes liegen, wird, wenn ich von den analytischen Beweisen absehe, in allen mir bekannten Lehrbüchern erstens aus der projektiven Erzeugung des Kegelschnittes und zweitens mit Benutzung seiner Tangenten bewiesen. Nun handelt es sich hier aber um sechs Punkte, für die einerseits der Desargues'sche und andererseits der Pascal'sche Satz gilt, sodaß der obige Satz sich unmittelbar aus diesen beiden Sätzen allein beweisen lassen muß. Das ist in der Tat leicht zu sehen.

Sind nämlich A der Pol und B_1, C_1; B_2, C_2; B_3, C_3 (s. Fig.) die drei Paare von Punkten, die mit A in je einer Geraden liegen, und sind endlich:

$$D_i = (B_k B_l, C_k C_l) \text{ und } E_i = (B_k C_l, B_l C_k),$$

wo i, k, l irgend drei von einander verschiedene der Indices $1, 2, 3$ sind, die von A verschiedenen Diagonalpunkte der vollständigen Vierecke $B_k B_l C_k C_l$, so lehrt der Satz von Desargues, daß in jedem Falle in je einer Geraden liegen die Punkte:

$$D_1, D_2, D_3 \text{ und } D_i, E_l, E_k,$$

daß diese 6 Diagonalpunkte also die Ecken eines vollständigen Vierseits bilden. Denn es sind die Punkte $D_1, D_2, D_3; D_1, E_2, E_3;$ $D_2, E_3, E_1; D_3, E_1, E_2$ die Schnittpunkte entsprechender Seiten der Paare von perspektiven Dreiecken:

$$B_1 B_2 B_3 \text{ und } C_1 C_2 C_3; B_2 B_3 C_1 \text{ und } C_2 C_3 B_1: B_3 B_1 C_2 \text{ und}$$
$$C_3 C_1 B_2; B_1 B_2 C_3 \text{ und } C_1 C_2 B_3$$

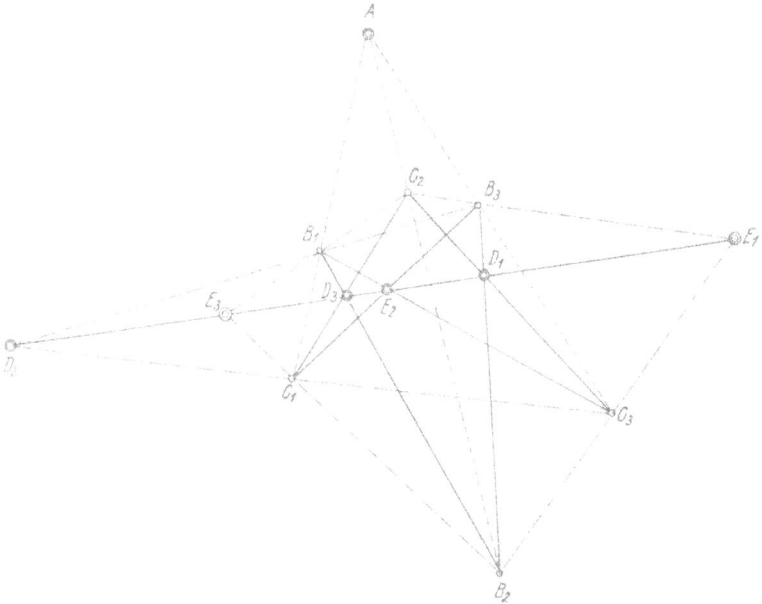

Nehmen wir nun aber an, daß die 6 Punkte $B_1 B_2 B_3 C_1 C_2 C_3$ auf auf einem Kegelschnitte liegen, also die Ecken eines Pascal'schen Sechsecks sind, so liegen auch die Punkte: $D_3 = (B_1 B_2, C_1 C_2),$ $D_1 = (B_2 B_3, C_2 C_3),$ $E_2 = (B_3 C_1, C_3 B_1)$ in einer Geraden. Auf dieser Geraden liegt aber nach dem Obigen auch D_2, also auch E_1 und E_3. Sie schneidet daher als gemeinsame Diagonale der vollständigen Vierecke $B_k B_l C_k C_l$ deren durch A laufende Seiten in den durch deren Ecken von A harmonisch getrennten Punkten, sodaß der obige Hauptsatz der Polarentheorie bewiesen ist.

Über diejenigen Rotationsflächen, auf denen drei Systeme von kongruenten geodätischen Linien ein Dreiecksnetz bilden.

Von **Otto Volk,** Kaunas (Litauen).

Vorgelegt von S. Finsterwalder in der Sitzung am 3. Dezember 1927.

Wie schon Herr Finsterwalder[1] darauf hinwies, gibt es auf Rotationsflächen Dreiecksnetze, deren eine Schar aus den Meridiankurven besteht, während die beiden anderen Scharen von zu den Meridiankurven symmetrisch gelegenen geodätischen Kurven gebildet werden. Diese Dreiecksnetze bestehen aus drei Scharen kongruenter Kurven und geben zugleich eine rhombische Einteilung; außer den Rotationsflächen und den auf sie abwickelbaren Flächen gibt es keine weiteren Flächen mit geodätischen rhombischen Dreiecksnetzen[2]. In Fortsetzung der Finsterwalderschen Betrachtungen hat Herr R. Sauer[3] sich mit der Frage nach dem Charakter von Drehflächen beschäftigt, auf denen außer den Finsterwalderschen Netzen geodätische Dreiecksnetze aus drei Systemen von kongruenten, durch Drehung auseinander hervorgehenden geodätischen Linien bestehen. Indem er die kongruenten Kurven nach einem Logarithmus des Drehwinkels aufeinander folgen ließ, kam er zu einer gewissen Klasse von Rotationsflächen, von denen im

[1] Vgl. S. Finsterwalder, Mechanische Beziehungen bei der Flächendeformation. Jahresbericht der deutschen Mathematiker - Vereinigung. Bd. 6 (1899). S. 51 ff.

[2] Vgl. O. Volk, Über geodätische Dreiecksnetze auf Flächen konstanten Krümmungsmaßes. Sitzungsberichte der Heidelberger Akademie der Wissenschaften, math.-naturw. Klasse. Jahrgang 1927. 3. Abt. S. 19.

[3] R. Sauer, Flächen mit drei ausgezeichneten Systemen geodätischer Linien, die sich zu einem Dreiecksnetz verknüpfen lassen. Sitzungsber. d. bayr. Akad. d. Wiss., math.-naturw. Abteilung, 1926. S. 365 ff.

folgenden gezeigt werden wird, daß sie die einzig möglichen Rotationsflächen mit Dreiecksnetzen der angegebenen Art sind.

1. Ist eine Rotationsfläche durch die Gleichungen gegeben:

$$(1) \qquad x = r \cos \varphi, \quad y = r \sin \varphi, \quad z = f(r)$$

und sind durch $u = $ const., $v = $ const. geodätische Linien auf dieser Fläche bestimmt, so hat man bekanntlich zwischen φ, r und u, v die Beziehungen:

$$(2) \qquad \begin{cases} \varphi = \int \dfrac{\sqrt{1+f'^2}}{r\sqrt{r^2\,U_1^2-1}}\,dr + U_2, \\[2ex] \varphi = \int \dfrac{\sqrt{1+f'^2}}{r\sqrt{r^2\,V_1^2-1}}\,dr + V_2, \end{cases}$$

wo U_1, U_2, V_1, V_2 Funktionen nur von u bezw. v sind. Für das Linienelement in der Form

$$ds^2 = A^2\,du^2 + 2\,A C \cos \vartheta\,du\,dv + C^2\,dv^2$$

hat man dann:

$$(3) \begin{cases} A = \sqrt{(1+f'^2)\,r_u{}^2 + r^2\,\varphi_u{}^2} = V_1 r^2 \varphi_u = \dfrac{V_1\sqrt{1+f'^2}}{\sqrt{r^2\,V_1^2-1}}\,r r_u, \\[2ex] C = \sqrt{(1+f'^2)\,r_v{}^2 + r^2\,\varphi_v{}^2} = U_1 r^2 \varphi_v = \dfrac{U_1\sqrt{1+f'^2}}{\sqrt{r^2\,V_1^2-1}}\,r r_v, \\[2ex] \cos \vartheta = \dfrac{(1+f'^2)\,r_u r_v + r^2\,\varphi_u \varphi_v}{A C} = \dfrac{\sqrt{r^2\,V_1^2-1}\sqrt{r^2\,U_1^2-1}+1}{r^2\,U_1 V_1}. \end{cases}$$

Die Dreiecksnetzbedingung ist[1]):

$$(4) \qquad \frac{\partial}{\partial u}\left(\lg\left(\frac{A}{C^2 \sin^2 \vartheta}\right)\right) + \frac{\partial}{\partial v}\left(\lg\left(\frac{C}{A^2 \sin^2 \vartheta}\right)\right) = 0.$$

2. Handelt es sich um kongruente, nicht drehsymmetrische Netze, so muß sein:

$$(5) \qquad U_1 = a^2, \quad V_1 = \beta^2,$$

wo a, β Konstante sind, während U_2, V_2 nicht konstant sein dürfen. Aus den Gleichungen (2) folgt dann durch Differentiation nach u bezw. v:

---

[1]) Vgl. O. Volk, l. c. S. 19.

$$
(6) \quad
\begin{cases}
\varphi_u = \dfrac{f_1}{\sqrt{r^2\,\alpha^2 - 1}}\, r_u + U_2' = \dfrac{f_1}{\sqrt{r^2\,\beta^2 - 1}}\, r_u, \\[2ex]
\varphi_v = \dfrac{f_1}{\sqrt{r^2\,\beta^2 - 1}}\, r_v + V_2' = \dfrac{f_1}{\sqrt{r^2\,\alpha^2 - 1}}\, r_v,
\end{cases}
$$

wo zur Abkürzung gesetzt ist:

$$
(7) \qquad f_1 = \frac{\sqrt{1 + f'^2}}{r}.
$$

Die Gleichungen (6) verlangen:

$$
r_u\, V_2' + r_v\, U_2' = 0
$$

und daher:

$$
(8) \qquad r = F\,(U_2 - V_2).
$$

Für f_1 findet man dann aus (6):

$$
(9) \qquad f_1 = \frac{\sqrt{F^2\,\alpha^2 - 1}\;\sqrt{F^2\,\beta^2 - 1}}{\sqrt{F^2\,\alpha^2 - 1} - \sqrt{F^2\,\beta^2 - 1}} \cdot \frac{1}{F'}.
$$

Es wird daher:

$$
\frac{A}{C^2 \sin^2\vartheta} = \frac{\beta^3}{\alpha^2 - \beta^2}\, \frac{\sqrt{F^2\,\alpha^2 - 1}\,\left(\sqrt{F^2\,\alpha^2 - 1} + \sqrt{F^2\,\beta^2 - 1}\right)}{\sqrt{F^2\,\beta^2 - 1}}\, \frac{U_2'}{V_2'^2},
$$

$$
\frac{C}{A^2 \sin^2\vartheta} = \frac{\alpha^3}{\beta^2 - \alpha^2}\, \frac{\sqrt{F^2\,\beta^2 - 1}\,\left(\sqrt{F^2\,\alpha^2 - 1} + \sqrt{F^2\,\beta^2 - 1}\right)}{\sqrt{F^2\,\alpha^2 - 1}}\, \frac{V_2'}{U_2'^2},
$$

und aus (4) erhält man:

$$
(10) \qquad \frac{U_2''}{U_2'} + \frac{V_2''}{V_2'} + \frac{t'}{t}\, U_2 - \frac{\tau'}{\tau}\, V_2 = 0,
$$

wo gesetzt ist:

$$
(11) \quad
\begin{cases}
t = \dfrac{F'^2\,\alpha^2 - 1}{F^2\,\beta^2 - 1} + \sqrt{\dfrac{F^2\,\alpha^2 - 1}{F^2\,\beta^2 - 1}}, \\[3ex]
\tau = \dfrac{F'^2\,\beta^2 - 1}{F^2\,\alpha^2 - 1} + \sqrt{\dfrac{F^2\,\beta^2 - 1}{F^2\,\alpha^2 - 1}};
\end{cases}
$$

dabei bedeuten bei t', τ' die Akzente Differentialquotienten nach $(U_2 - V_2)$. Setzt man noch:

$$
(12) \qquad U = U_2', \quad V = V_2',
$$

so schreibt sich (10) in der Form:

$$(13) \qquad \frac{dU}{dU_2} + \frac{dV}{dV_2} + U\frac{t'}{t} - V\frac{\tau'}{\tau} = 0.$$

Schliessen wir zunächst den Fall des Kreiszylinders aus, so sind $\frac{t'}{t}$ und $\frac{\tau'}{\tau}$ voneinander nicht linear abhängig und von Null verschieden. Durch Differentiation nach U_2 und V_2 erhält man aus (13):

$$\frac{d^2U}{dU_2^2} + \left(\frac{t'}{t}\right)'U + \frac{t'}{t}\frac{dU}{dU_2} - \left(\frac{\tau'}{\tau}\right)'V = 0,$$

$$\frac{d^2V}{dV_2^2} - \left(\frac{t'}{t}\right)'U + \left(\frac{\tau'}{\tau}\right)'V - \frac{\tau'}{\tau}\frac{dV}{dV_2} = 0,$$

woraus durch Addition folgt:

$$(14) \qquad \frac{d^2U}{dU_2^2} + \frac{d^2V}{dV_2^2} + \frac{t'}{t}\frac{dU}{dU_2} - \frac{\tau'}{\tau}\frac{dV}{dV_2} = 0.$$

In analoger Weise erhält man aus dieser Gleichung durch Differentiation nach U_2 und V_2:

$$(15) \qquad \frac{d^3U}{dU_2^3} + \frac{d^3V}{dV_2^3} + \frac{t'}{t}\frac{d^2U}{dU_2^2} - \frac{\tau'}{\tau}\frac{d^2V}{dV_2^2} = 0.$$

Das gleichzeitige Bestehen der Gleichungen (13), (14) und (15) verlangt das Verschwinden der Determinante:

$$\begin{vmatrix} U & V & U' + V' \\ U' & V' & U'' + V'' \\ U'' & V'' & U''' + V''' \end{vmatrix} = 0$$

oder:

$$(16) \quad \begin{aligned} & U(V'V''' - V''^2) + V(U''^2 - U'U''') + U'(V'V'' - VV''') \\ & + V'(UU''' - U'U'') + U''(VV'' - V'^2) + V''(UU'' - U'^2) = 0, \end{aligned}$$

wo die Akzente jetzt Differentiationen nach U_2 bezw. V_2 bedeuten.

3. Um die Funktionalgleichung (16) zu lösen, differentiieren wir sie einmal nach V_2; ist nun $VV'' - V'^2 \neq 0$, so erhält man durch Elimination aus dieser Gleichung und (16):

$$(17) \quad \begin{cases} U''^2 - U'U''' = a_1 U + b_1 U' + c_1 U'' + d_1(U'^2 - UU''), \\ UU''' - U'U'' = a_2 U + b_2 U' + c_2 U'' + d_2(U'^2 - UU''), \end{cases}$$

wo die a, b, c, d als konstant betrachtet werden können. Eliminiert man U''' aus den Gleichungen (17), so ergibt sich:

$$(18) \quad \begin{aligned} UU''^2 - U'^2 U'' &= a_1 U^2 + (b_1 + a_2) UU' + b_2 U'^2 \\ &+ c_1 UU'' + c_2 U'U'' + (d_1 U + d_2 U')(U'^2 - UU''). \end{aligned}$$

Differentiiert man diese Gleichung wieder nach U_2 und berücksichtigt die Gleichungen (17), so erhält man:

$$(19) \quad \begin{aligned} UU''^2 &+ U''\left(-U'^2 + d_1 U^2 + d_2 UU' + U'\left(\frac{c_1}{d_2} - c_2\right) + U\left(-c_1 - \frac{a_2 - b_1}{d_2}\right)\right) \\ &= d_2 U'^3 + d_1 UU'^2 + U'^2\left(-c_1 + c_2\frac{d_1}{d_2} - \frac{a_2 + b_1}{d_2} + b_2\right) \\ &+ UU'\left(\frac{b_2 d_1 + a_1 d_1 - 2a_1}{d_2}\right) + a_2\frac{d_1}{d_2}U^2 + U'\frac{c_2 b_1 - b_2 c_1}{d_2} \\ &+ U\frac{a_1 c_2 - a_2 c_1}{d_2}. \end{aligned}$$

Die beiden Gleichungen (18) und (19) stimmen nun überein, wenn ist:

$$c_1 = 0, \quad a_1 - b_1 = 0, \quad c_2 d_1 - c_1 d_2 - a_2 - b_1 = 0,$$
$$b_2 d_1 + a_2 d_1 - 2a_1 - b_1 d_2 - a_2 d_2 = 0, \quad a_2 d_1 - a_1 d_2 = 0,$$
$$c_2 b_1 - b_2 c_1 = 0, \quad a_1 c_2 - a_2 c_1 = 0.$$

Diese Gleichungen sind erfüllt, wenn entweder

$$a_1 = b_1 = c_1 = a_2 = b_2 = c_2 = 0$$

oder

$$a_1 = b_1 = c_1 = d_1 = a_2 = 0$$

ist. Das führt auf den Ansatz:

$$U''^2 - U'U''' = d_1(U'^2 - UU''),$$

woraus durch Intregration kommt:

$$(20) \quad U'' = kU' + lU.$$

In analoger Weise erhält man unter der Annahme, daß $UU'' - U'' \neq 0$:

$$(21) \quad V'' = k_1 V' + l_1 V.$$

Durch Einsetzen der Werte von (20) und (21) in die Funktionalgleichung (16) findet man schließlich:

$$(22) \quad k_1 = k, \quad l_1 = l.$$

Ist aber

$$VV'' - V'^2 = 0,$$

also

(23)
$$V' = kV,$$

so erhält man aus (16):

$$U''^2 - U'U''' + k(UU''' - U'U'') - k^2(U'^2 - UU'') = 0$$

oder:

$$d\left(\frac{U''}{kU - U'}\right) + k^2 d\left(\frac{U}{kU - U'}\right) = 0$$

und daraus durch Integration:

(24)
$$U'' = -mU' + k(m-k)U.$$

Ist andererseits

$$U''U - U'^2 = 0,$$

also

(25)
$$U' = kU,$$

so erhält man in analoger Weise:

(26)
$$V'' = -mV' + k(m-k)V.$$

4. Betrachten wir zunächst den allgemeinen Fall, wo die Gleichungen (20) u. (21) gelten u. im allgemeinen $UV' - U'V \neq 0$ ist. Aus den Gleichungen (13) und (14) folgt dann durch Elimination:

(27)
$$\begin{cases} \dfrac{t'}{t} = \dfrac{VV'' - V'^2 + U''V - U'V'}{UV' - U'V}, \\[2mm] \dfrac{\tau'}{\tau} = \dfrac{UU'' - U'^2 + UV'' - U'V'}{UV' - U'V}. \end{cases}$$

Setzen wir nun noch zur Abkürzung:

(28)
$$\sigma = \sqrt{\frac{F^2\alpha^2 - 1}{F^2\beta^2 - 1}},$$

so ist nach (11):

$$t = \sigma^2 + \sigma, \quad \tau = \frac{1}{\sigma^2} + \frac{1}{\sigma},$$

(29)
$$\frac{t'}{t} = \left(\frac{1}{\sigma} + \frac{1}{\sigma+1}\right)\sigma', \quad \frac{\tau'}{\tau} = \left(\frac{1}{\sigma+1} - \frac{2}{\sigma}\right)\sigma';$$

aus (27) folgt dann unter Berücksichtigung der Gleichungen (20), (21) und (22):

$$(30) \begin{cases} \dfrac{3\,\sigma'}{\sigma} = \dfrac{t'}{t} - \dfrac{\tau'}{\tau} \\[2mm] \qquad = \dfrac{VV'' - V'^2 - (UU'' - U'^2)}{UV' - U'V} - k, \\[4mm] \dfrac{3\,\sigma'}{1+\sigma} = \dfrac{2\,t'}{t} + \dfrac{\tau'}{\tau} \\[2mm] \qquad = \dfrac{2(VV'' - V'^2) + UU'' - U'^2 + V(2kU' + 3lU) + V'(-3U' + kU)}{UV' - U'V}. \end{cases}$$

Man überzeugt sich leicht, daß in der Tat auf den rechten Seiten in (29) Funktionen nur von $U_2 - V_2$ stehen, indem man die Differentialgleichungen (20) und (21) in der bekannten Weise löst. Aber die beiden Gleichungen (30) müssen auch widerspruchsfrei sein. Um das zu erreichen, eliminieren wir σ' und erhalten:

$$(31) \qquad \sigma = - \frac{2P(V) + Q(U) + VA(U) + V'B(U)}{P(V) + 2Q(U) + VC(U) + V'D(U)},$$

wo zur Abkürzung gesetzt ist:

$$P(V) = VV'' - V'^2, \quad Q(U) = UU'' - U'^2, \quad A(U) = 2kU' + 3lU,$$
$$B(U) = -3U' + klU, \quad C(U) = kU' + 3lU, \quad D(U) = -3U' + 2kU.$$

Bildet man die logarithmische Ableitung von (31), so erhält man:

$$(32) \begin{aligned} \frac{\sigma'}{\sigma} &= \frac{-2P'(V) + Q'(U) + VA'(U) + V'(B(U) - A(U)) - V''B(U)}{2P(V) + Q(U) + VA(U) + V'B(U)} \\[2mm] &\quad - \frac{-P'(V) + 2Q'(U) + VC'(U) + V'(-C(U) + D'(U)) - V''D(U)}{P(V) + 2Q(U) + VC(U) + V'D(U)}. \end{aligned}$$

Setzt man diesen Wert gleich dem aus (30) sich ergebenden, so kommt eine Gleichung von der Form:

$$2P(V)^3 - 2Q(U)^3 + \cdots = 0,$$

wo alle folgenden Glieder niedere Potenzen von V und V' bezw. U, U' enthalten. Daraus folgt, das $P(V)$ und $Q(U)$ einen konstanten Wert haben müssen. Sei etwa:

$$Q(U) = UU'' - U'^2 = a, \quad P(V) = VV'' - V'^2 = b.$$

Nach (20) wird dann:

$$(34) \qquad\qquad -U'^2 + kUU' + lU^2 = a.$$

Durch Differentiation erhält man hieraus;

$$k(-U'^2 + kUU' + lU^2) = 0.$$

Mit Rücksicht auf (34) muß also entweder $k = 0$ oder $a = 0$ sein. Ist $k = 0$ und $a \neq 0$, so wird für $l \neq 0$ nach (34):

$$U' = \sqrt{l(U^2 - \varrho^2)}, \quad U = \varrho \sin(\sqrt{-l}\,U_2 + \delta), \quad (\varrho^2 l = a).$$

Analoges gilt für V. Man erhält für $b \neq 0$:

$$V' = \sqrt{l(V^2 - \varrho_1^2)}; \quad V = \varrho_1 \sin(\sqrt{-l}\,V_2 + \varepsilon), \quad (\varrho_1^2 l = b).$$

Somit ergibt sich schließlich:

$$\frac{3\sigma'}{\sigma} = \frac{(\varrho_1^2 - \varrho^2)\sqrt{-l}}{\varrho\varrho_1 \sin(\sqrt{-l}(U_2 - V_2) + \delta - \varepsilon)},$$

$$\frac{3\sigma'}{1+\sigma} = -\frac{\sqrt{-l}(2\varrho^2 + \varrho_1^2) + 3\varrho\varrho_1 \cos(\sqrt{-l}(U_2 - V_2) + \delta - \varepsilon)}{\varrho\varrho_1 \sin(\sqrt{-l}(U_2 - V_2) + \delta - \varepsilon)}$$

und daher

$$(35)\,\sigma = -\frac{2\varrho^2 + \varrho_1^2 + 3\varrho\varrho_1 \cos(\sqrt{-l}(U_2 - V_2) + \delta - \varepsilon)}{\varrho^2 + 2\varrho_1^2 + 3\varrho\varrho_1 \cos(\sqrt{-l}(U_2 - V_2) + \delta - \varepsilon)}.$$

Andererseits gibt die direkte Integration:

$$(36)\qquad \sigma = C\left(tg\left(\frac{\sqrt{-l}(U_2 - V_2) + \delta - \varepsilon}{2}\right)\right)^{\frac{\varrho_1^2 - \varrho^2}{3\varrho\varrho_1}}.$$

Die Gleichungen (35) und (36) stimmen dann und nur dann überein, wenn $\varrho = \varrho_1$ wird, d. h. wenn σ konstant wird, was aber ausgeschlossen ist. Ist $l = 0$, so erhält man:

$$U = \sqrt{-a}\,U_2 + c_1, \quad V = \sqrt{-b}\,V_2 + c_2.$$

Aus (14) erkennt man dann direkt, daß σ ebenfalls konstant sein muß, und aus (13), daß $\varrho = \varrho_1$ wird. Dieser Fall scheidet also ebenfalls aus.

5. Ist $k \neq 0$, so müssen a und b verschwinden und man erhält:

$$(36)\quad U' = kU, \quad V' = kV, \quad U = C_1 e^{kU_2}, \quad V = C_2 e^{kV_2}.$$

In diesem Falle wird $UV' - U'V = 0$. Die Gleichungen (27) und (30) versagen; die Gleichungen (13), (14) und (15) werden identisch. In diesem Falle kann man aber die Gleichung (13) direkt integrieren. Führt man nach (29) σ ein, so erhält man

$$C_1 e^{k(U_2 - V_2)} + C_2$$

(37)
$$+ \frac{1}{k} \left(\frac{C_1 e^{k(U_1 - V_1)} + 2 C_2}{\sigma} + \frac{C_1 e^{k(U_1 - V_1)} - C_2}{\sigma + 1} \right) \sigma' = 0 \,.$$

Durch die Substitution

(38)
$$\xi = \frac{1}{k} e^{k(U_1 - V_1)}$$

ergibt sich hieraus:

(39)
$$\frac{d\xi}{d\sigma} = - \frac{\xi \left((2\sigma + 1)\xi + C(\sigma + 2) \right)}{(\xi + C)\sigma(\sigma + 1)},$$

wo gesetzt ist:

$$C = \frac{C_2}{k C_1} \,.$$

Setzt man nun:

(40)
$$\xi + C = \frac{\sigma - 1}{\sigma \eta},$$

so kann man die Veränderlichen trennen und erhält:

$$\frac{d\eta}{\eta (C^2 - 3 C \eta + 2)} = \frac{\sigma \, d\sigma}{\sigma - 1} \,.$$

Durch Integration kommt dann:

$$\frac{\eta (C\eta - 2)}{(C\eta - 1)^2} = \gamma (\sigma^2 - 1),$$

woraus durch Auflösung nach η und Beachtung von (40) folgt:

$$\xi = - C \frac{\sigma + \sqrt{1 - C\gamma(\sigma^2 - 1)}}{\sigma (1 + \sqrt{1 - C\gamma(\sigma^2 - 1)})} \,.$$

Daher wird:

$$\frac{d}{d\sigma} \lg \xi =$$

$$\frac{C\gamma \sigma^3 - \sqrt{1 - C\gamma(\sigma^2 - 1)}^3 - 1 - C\gamma}{\sigma (\sigma + \sqrt{1 - C\gamma(\sigma^2 - 1)})(1 + \sqrt{1 - C\gamma(\sigma^2 - 1)}) \sqrt{1 - C\gamma(\sigma^2 - 1)}}$$

oder unter Beachtung von (28) und (8):

$$\frac{d}{dr}\lg\xi = \frac{r(\beta^2-a^2)(C\gamma\,\sqrt{r^2a^2-1}^{\,3}-\sqrt{(1+C\gamma)(r^2\beta^2-1)-C\gamma(r^2a^2-1)}^{\,3}}{(r^2a^2-1)(r^2\beta^2-1)(\sqrt{r^2a^2-1}+\sqrt{r^2\beta^2-1})}$$

$$\frac{+(1+C\gamma)\,\sqrt{r^2\beta^2-1}^{\,3})}{(\sqrt{r^2\beta^2-1}+\sqrt{(1+C\gamma)(r^2\beta^2-1)-C\gamma(r^2a^2-1)}\,\sqrt{(1+C\gamma)(r^2\beta^2-1)-C\gamma(r^2a^2-1)}} . \qquad ^{*)}$$

Aus (9) erhält man so schließlich:

$$k\,r f_1(r) = \frac{(a^2-\gamma_1^2)\,\sqrt{r^2\beta^2-1}^{\,3}+(\beta^2-a^2)\,\sqrt{r^2\gamma_1^2a^2-1}^{\,3}}{\sqrt{r^2a^2-1}\,\sqrt{r^2\beta^2-1}\,\sqrt{r^2\gamma_1^2-1}}$$

(41)

$$\frac{+(\beta^2-\gamma_1^2)\,\sqrt{r^2a^2-1}^{\,3}}{((\beta^2-\gamma_1^2)\,\sqrt{r^2a^2-1}+(\beta^2-a^2)\,\sqrt{r^2\gamma_1^2-1}+(\gamma_1^2-a^2)\,\sqrt{r^2\beta^2-1})}, \qquad ^{*)}$$

wo gesetzt ist:

$$\gamma_1^2 = \beta^2 - C\gamma(a^2 - \beta^2).$$

Der so erhaltene Wert stimmt mit dem von Herrn Sauer gefundenen überein, wie man sich leicht durch Ausrechnung der Determinanten überzeugt. Da nach (12) und (36)

$$U = U_2'' = C_1 e^{k\,U_2}, \quad V = V_2'' = C_2 e^{k\,V_2},$$

also

(42) $$U_2 = -\frac{1}{k}\lg(-k\,C_1 u), \quad V_2 = -\frac{1}{k}\lg(-k\,C_2 v)$$

ist, so erkennt man daraus, daß die kongruenten geodätischen Linien in der Tat nach einem Logarithmus des Drehwinkels aufeinander folgen.

6. Wir haben noch den Fall des Kreiszylinders zu betrachten. Sei also:

(43) $$x = a\cos\varphi, \quad y = a\sin\varphi.$$

Die geodätischen Linien $u = $ const. und $v = $ const. sind dann bestimmt durch die beiden Gleichungen:

(44) $$\begin{cases} z = U_1\varphi + U_2, \\ z = V_1\varphi + V_2. \end{cases}$$

Sollen die beiden Scharen aus kongruenten Kurven bestehen, so muß sein:

---

*) Infolge der geringen Zeilenbreite mußte der Nenner geteilt werden; als Nenner ist das Produkt der beiden Nenner zu nehmen.

(45) $$U_1 = a, \quad V_1 = \beta,$$

wo a, β Konstante bedeuten. Man erhält dann:

$$z = \frac{\beta U_2 - a V_2}{\beta - a}, \quad \varphi = \frac{U_2 - V_2}{\beta - a};$$

es wird ferner:

(46)
$$\begin{cases} A = m U_2', \\ C = n V_2', \\ \cos \vartheta = p, \end{cases}$$

wo m, n, p Konstante bedeuten, die durch a, β, a bestimmt sind. Es wird daher:

$$\frac{A}{C^2 \sin^2 \vartheta} = \frac{m}{n^2 (1 - p^2)} \frac{U_2'}{V_2'^2},$$

$$\frac{C}{A^2 \sin^2 \vartheta} = \frac{n}{m^2 (1 - p^2)} \frac{V_2'}{U_2'^2}$$

und die Dreiecksnetzbedingung (4) gibt:

(47) $$\frac{U_2''}{U_2'} + \frac{V_2''}{V_2'} = 0.$$

Daraus folgt:

$$\frac{U_2''}{U_2'} = k, \frac{V_2''}{V_2'} = -k$$

oder durch Integration:

(48) $$U_2 = C_1 e^{ku} + C_2, \quad V_2 = C_3 e^{kv} + C_4.$$

Die beiden Scharen $u = \text{const.}$ und $v = \text{const.}$ sind daher gegeben durch die Beziehungen:

(49)
$$\begin{cases} z = a\varphi + C_1 e^{ku} + C_2, \\ z = \beta\varphi + C_3 e^{-kv} + C_4. \end{cases}$$

Die Kurven $u + v = \text{const.}$ sind dann bestimmt durch die Gleichung:

(50) $$z - a\varphi - C_2 = \frac{C_1}{C_3}(z - \beta\varphi - C_4) e^{k(u+v)},$$

woraus man sofort erkennt, daß die Diagonalkurven unseres Dreiecksnetzes keine kongruenten Kurven sind.

Damit haben wir also den Satz bewiesen.

Diejenigen Rotationsflächen, auf denen neben den geodätischen rhombischen Dreiecksnetzen noch weitere Dreiecksnetze existieren, die aus drei Systemen von kongruenten, nach einem Logarithmus des Drehwinkels aufeinander folgenden, geodätischen Linien bestehen, sind die einzigen, auf denen solche ausgezeichnete geodätische kongruente Dreiecksnetze möglich sind. Auf dem Kreiszylinder gibt es ausgezeichnete Dreiecksnetze nur von der Art, daß zwei Systeme aus kongruenten geodätichen Linien bestehen, die nach dem Gesetze einer Exponentialfunktion sich verschieben, während die Diagonalkurven kein System kongruenter geodätischer Linien bilden.

Anmerkung bei der Korrektur.

Die Beziehungen (20) und (21) kann man einfacher unter Umgehung der Funktionalgleichung (16) erhalten, indem man die nach U_2 bezw. V_2 differentiierte Gleichung (13) mit $\left(\dfrac{\tau'}{\tau}\right)'$ bezw. $\left(\dfrac{t'}{t}\right)'$ durchdividiert und nochmals nach U_2 bezw. V_2 differentiiert. Die Gleichungen (22) ergeben sich dann aus (13) und (14).

Fabri, Barrow und Leibniz.

Von **F. Lindemann.**

Vorgetragen in der Sitzung am 3. Dezember 1927.

Zur 250jährigen Gedenkfeier der Entdeckung der Differential- und Integral-Rechnung hatte ich, einer Aufforderung der Redaktion folgend, in den „Münchener Neuesten Nachrichten" (31. Okt. und 1. Nov. 1925) einen Artikel über die Bedeutung und die Geschichte dieser Entdeckung veröffentlicht. Dabei mußte ich auch auf den bekannten Prioritäts-Streit zwischen Newton und Leibniz eingehen; das Studium der Literatur führte zu der Erkenntnis, daß in der meist üblichen Darstellung eine wesentliche Lücke vorhanden ist und daß deshalb unberechtigte Vorwürfe gegen Leibniz erhoben worden sind. Es möge dies im folgenden näher ausgeführt werden.

Der Streit begann bekanntlich 1699 durch eine Schrift des in London lebenden Schweizer Gelehrten Fatio, der behauptete, Newton sei der erste und Leibniz der zweite Erfinder der neuen Methode, und andeutete, daß letzterer von ersterem beeinflußt gewesen sei. Die Schrift war mit Billigung der Royal Society, deren Mitglied auch Leibniz war, gedruckt. Dieser beschwerte sich bei der genannten Gesellschaft und erhielt von dem Vorstande ein Entschuldigungsschreiben, womit die Sache erledigt war. Die Veranlassung zu der Behauptung Fatio's war einzig die Tatsache, daß Leibniz 1673 in London einiges über die Entdeckungen englischer Mathematiker, insbesondere Newton's erfahren hatte, aber doch nichts von der „Fluxionen-Rechnung", sondern nur Resultate der Reihenlehre. Es ist dies neuerdings durch Mahnke aus den in Hannover verwahrten Manuskripten von Leibniz nochmals eingehend nachgewiesen[1]).

Zu einem neuen Angriffe gegen Leibniz gab die 1705 in den Acta Eruditorum erschienene Besprechung von Newton's Abhandlung „De quadratura" Veranlassung, deren Verfasser jedenfalls zu Leibniz in engster Beziehung stand. In ihr wird gesagt, daß Newton statt der Differenzen, welche die Grundlage der Differentialrechnung bilden, sich immer der Fluxionen bedient habe, „welche sich so nahe wie möglich wie die in gleichen kleinstmöglichen Zeitteilchen hervorgebrachten Vermehrungen der Fluenten (d. i. Integrale) verhalten, ... wie auch Honoratus Fabri in seiner Synopsis Geometrica den Fortschritt der Bewegungen an Stelle der Methode Cavalieri's setzte". Oder lateinisch: „Pro differentiis igitur Leibnitianis D. Newtonus adhibit, semperque adhibuit, Fluxiones, quae sunt quam proxime ut Fluentium augmenta aequalibus temporis particulis quam mininis genita; iisque tum in suis Principiis Naturae Mathematicis, tum in aliis postea editis eleganter est usus, quem ad modum Honoratus Fabrius in sua Synopsi Geometrica, motuum progressus Cavalerianae methodo substituit".

Und hierzu wird in dem Commercium Epistolium (d. i. in der von der Royal Society 1712 herausgegebenen Sammlung von Dokumenten, die beweisen sollten, daß Leibniz die Resultate Newton's benutzt habe) erläuternd bemerkt (p. 108). „Sensus verborum est, quod Newtonus Fluxiones Differentiis Leibnitianis sustituit, quem ad modum Honoratus Fabrius motuum progressus Cavalerianae methodo substituerat; id est quod Leibnitius Author primus fuit hujus Methodi, at Newtonus eandem a Leibnitio habuit, substituendo Fluxiones pro Differentiis". So wird durch eine Verdrehung (um nicht zu sagen Fälschung) der Leibniz'schen Worte künstlich konstruiert: Newton habe an Leibniz gehandelt wie Fabri an Cavalieri; also: Leibniz Newton des Plagiats beschuldigt; in krasser Form wiederholt

---

[1]) Neue Einblicke in die Entdeckungsgeschichte der höheren Analysis; Abhandlungen der preußischen Akademie, math. phys Klasse, Jahrgang 1925; Berlin 1926.

Newton diese Behauptung in seinem Briefe an Conti[1]) vom
26. Febr. 1716, und noch bestimmter in seinen Bemerkungen zu
einem Briefe von Leibniz an Remond vom 9. April 1716, abge-
druckt[2]) in Raphson's History of Fluxions (London 1715).

Einen anderen Angriffspunkt bot den Gegnern Leibnizens
die Frage, ob dieser durch die Werke Barrows beeinflußt gewesen sei.

Zur größeren Klarstellung sollen beider Werke im folgenden
genauer besprochen werden.

I. Das Werk von Fabri[3]).

In der Einleitung betont Fabri, daß er hauptsächlich für
Anfänger schreibe und (S. 13) daß er beabsichtige, die von Cavalieri entdeckte Methode, die schwer verständlich sei, klarer
darzustellen. Jedenfalls kann also nicht behauptet werden, daß
Fabri ein Plagiat an Cavalieri begangen habe!

Des letzteren Methode der Indivisibeln litt an einer von ihm
selbst gefühlten Lücke; er faßt den Flächeninhalt einer Kurve
auf als die Summe aller parallelen Sehnen innerhalb der Kurve,
und es können doch beliebig-viele Linien niemals eine Fläche
bilden; er sucht die Schwierigkeit zu umgehen durch die Fest-
setzung: Ebene Figuren verhalten sich wie die Gesamtheiten ihrer
Sehnen (1653). Pascal kannte schon eine strengere Definition;
er schreibt in einem (1659 veröffentlichen) Briefe an Carvaci[4]):
Quand j'ai parlé de la somme des lignes, on n'a du entendre autre
chose si non la somme des rectangles compris de chacune de ces
lignes et de chacune des petites distances égales entre ces lignes".

Die gleiche Schwierigkeit sucht Fabri auf anderem Wege
zu umgehen. Sein Buch beginnt mit den Definitionen und Axiomen

---

1) Der Briefwechsel von Gottfried Wilhelm Leibniz mit Mathematikern.
Herausgegeben von Gerhardt, Bd. I, Berlin 1899, S. 274.

2) Vgl. ib. S. 285 f.

3) Synopsis geometrica cui accessere tria opuscula, nimirum, De linea
sinuum et cycloide, De maximis et minimis centuria, et Synopsis Trygono-
metriae planae. Autore Honorato Fabry Societatis Jesu. Lugduni
MDCLXIX, 12⁰.

4) Oeuvres de Blaise Pascal, t. 3, p. 338; Paris 1872 (Hachette).

der Geometrie (wenig verschieden von Euclid), und zwischen diesen erscheint unvermittelt[1]) das Axiom VI (S. 46):

„Quae moventur aequali motu, aequalia spatia, aequali tempore decurrunt, suntque motus ut spatia, et vicissim; nihil enim aliud intelligo, dum motus aequales appello, aequales inquam, in omnibus, nisi motus: illos, quibus aequali tempore, aequalia spatia decurruntur".

Und hierzu das Scholion[2]):

„Ex sola terminorum explicatione constat spatia esse, ut motus, temporibus aequalibus; et si motus sunt aequales, id est, aeque veloces, spatia esse ut tempora et haec ex sola vocum notitia".

Es verhalten sich also die Flächen bei gleich bleibender Geschwindigkeit der Bewegung wie die Zeiten; Fabri denkt sich

---

[1]) Heute würde man diesen Satz nicht als Axiom, sondern als Definition (nämlich des Flächeninhaltes) bezeichnen.

[2]) Etwas analoges liest man bei dem englischen Philosophen Hobbes. Dieser war ein entschiedener Gegner der neueren Entwicklung der Mathematik, wie sie sich durch den Gebrauch von Koordinaten auf Grund des Werkes von Descartes gestaltete, wie sie (im Gegensatze zu den alten rein geometrischen Beweismethoden) in England von Wallis gefördert ward. Der Kritik der Wallis'schen Arbeiten ist insbesondere die Schrift von Hobbes gewidmet mit dem Titel: Examinatio et Emendatio Mathematicae Hodiernae 1669. In einem Nachtrage am Schlusse findet sich eine Verbesserung zu Seite 120 (nicht 220, wie gedruckt ist), in der es heißt: „Assumo quod qua ratione Mobilis velocitas augetur eadem ratione augeri quoque spatia ab ea in iisdem vel aequalibus temporibus percursa". Also wieder genau wie bei Fabri, aber nur angewandt bei einem besonderen Beispiele der Flächenberechnung. Die Ausgabe, die auf der hiesigen Staats- und auf der Universitäts-Bibliothek vorhanden ist, befindet sich in einem 1669 in Amsterdam erschienenen Sammelbande, der die lateinisch geschriebenen Arbeiten von Hobbes enthält. Nach dem Katalog des British Museums existiert auch eine Ausgabe von 1660. Da der obige Satz aber 1669 erst in einem Nachtrage auftritt, ist anzunehmen, daß er 1660 noch fehlt. Eine Beeinflussung durch Fabri ist bei der Gleichzeitigkeit des Erscheinens zweifelhaft; immerhin könnte Hobbes in Paris, wo er sich 1641—1655 aufhielt und wo er mit Roberval und anderen Mathematikern in Verkehr stand (wie er selbst a. a. O. S. 119 erwähnt) von derartigen Verbesserungs-Versuchen der Methode von Cavalieri gehört haben.

Das Werk von Hobbes zeigt, welchen Schwierigkeiten die neuen Descartes'schen Methoden (die auch Newton nicht gern anwendete) begegnete. Ich finde dasselbe in Werken über die Geschichte der Mathematik nicht erwähnt.

einen Flächenraum durch eine bewegte Sehne überstrichen und summiert dann nicht die Gesamtheit der Sehnen, sondern denkt jede Sehne (Ordinate) mit dem Produkte aus Geschwindigkeit und Zeit (d. h. also mit dem Differentiale) multipliziert, wodurch er dann auf einem Umwege zu der Auffassung von Pascal kommt, allerdings ohne sich dessen bewußt zu werden. Hier war jenes Andere gefunden, das nach Cavalieri zwischen je zwei Indivisibilien liegen muß und außer den Indivisibilien zum Continuum gehört und dieses erst herstellt, das Cavalieri aber nicht logisch zu erfassen vermochte.

Ein großer Teil des Buches dient dazu, die Entstehung der Kurven durch Bewegung eines Punktes, der Flächen durch Bewegung einer Kurve, der Körper durch Bewegung einer Fläche zu erklären; dabei wird insbesondere die Rotation einer Kurve um eine feste Axe behandelt.

Der Anhang leitet insbesondere die bekannten Sätze von Torricelli und anderen über die Cycloide und andere Kurven ab. Fabri hat hier zuerst den Schwerpunkt der Sinus-Linie berechnet, wohl auch zuerst den Sinus durch eine Kurve dargestellt.

Herr Mahnke hat festgestellt (a. a. O. S. 26), daß Leibniz das Buch von Fabri besaß und nach den in dem erhaltenen Exemplare gemachten Randbemerkungen[1]) auch studiert hat, ihm manche Anregung verdankt und wahrscheinlich die damals neuen geometrischen Forschungen zuerst durch Fabri kennen lernte. Es ist daher begreiflich, daß Fabri öfter von Leibniz zitiert wird.

In der Einleitung der Schrift „De Quadratura" zeigt Newton, wie Kurven, Flächen und Körper durch kontinuirliche Bewegung von Punkten, Kurven und Flächen entstehen. In gleichen Zeiten wachsende und im Wachsen erzeugte Größen fallen je nach der größeren und kleineren Geschwindigkeit, mit welcher sie wachsen und erzeugt werden, größer oder kleiner aus. Er sucht und findet eine Methode, die Größen aus den Geschwindigkeiten der Bewegungen und der Zuwächse zu bestimmen (also ganz wie bei Fabri), und so kommt er zur Methode der Fluxionen und Fluenten. Für ihn sind alle Figuren im Entstehen begriffen (fließend), während

---

[1]) Solche finden sich (nach Mahnke's Angabe) besonders auf Seite 57 bis 81, wo von der Erzeugung der Figuren durch Bewegung gesprochen wird.

bei Leibniz die Figur fertig gegeben ist und dann erst zum Zwecke der Quadratur in Teile zerlegt wird.

Die Einleitung erinnert durchaus an Fabri; die Abhandlung erschien 1704, also 35 Jahre nach der Synopsis von Fabri. Trotzdem ist ein Zusammenhang nicht anzunehmen, denn man kann Newton's Angabe Glauben schenken, daß er im wesentlichen schon seit 1666 im Besitze seiner Methoden gewesen sei[1]). Bei Fabri dient die Einführung der Bewegung zur Ausfüllung einer Lücke im logischen Aufbau der Methode von Cavalieri, bei Newton ist sie überdies die Brücke zur Formung des neuen Begriffes einer Fluxion; bei beiden liegt unbewußt die Leibniz'sche Vorstellung des Differentials zu Grunde.

Nach diesen Darlegungen unterliegt es keinem Zweifel, daß die erwähnte (wohl auf Veranlassung von Leibniz verfaßte) Rezension voll berechtigt war, auf Fabri hinzuweisen, der ebenfalls die Bewegung zur Grundlage seiner Betrachtung gemacht habe, daß von der Anschuldigung eines Plagiates keine Rede sein und eine solche nur durch verständnislose oder böswillige Interpretation erhoben werden konnte, daß insbesondere für Newton kein Grund zu den oben erwähnten Beschwerden vorlag, endlich daß Leibniz nicht derjenige war, der den Streit (wie Newton auf Grund jener Rezension behauptete) begonnen hatte.

Wohl keiner der vielen Gelehrten, die über diese Dinge geschrieben haben, scheint das Buch von Fabri selbst angesehen zu haben.

II. Das Werk von Barrow[2]).

Nach der Vorrede der Lectiones geometricae von Barrow sind die ersten fünf Vorlesungen für Anfänger bestimmt und sollen zum besseren Verständnisse der vorhergehenden Lectiones opticae dienen. Die weiteren sieben Vorlesungen habe er auf Drängen

---

[1]) Wohl aber dürfte Newton durch Barrow beeinflußt gewesen sein, bei dem sich analoge Betrachtungen finden; vgl. weiter unten. Die Kurven durch Bewegung eines Punktes erzeugt zu denken, war damals nach den Arbeiten von Torricelli und Roberval (ca. 1640) allgemein üblich.

[2]) Lectiones opticae et geometricae: in quibus Phaenomenon Opticarum genuinae rationes investigantur ac exponuntur et generalia CurvarumLinearum symptomata declarantur. Auctore Isaaco Barrow. Londini 1674 (zuerst 1670;

eines Freundes hinzugefügt. Dieser Freund war offenbar Newton, der in der gemeinsamen Vorrede zu den optischen und den geometrischen Vorlesungen als Kollege und als ein Mann von auserlesenem Geiste genannt wird, der das Buch durchgesehen, manches verbessert und einiges aus Eigenem hinzugefügt habe.

Barrow hatte sich in einer früheren Arbeit dagegen ausgesprochen, daß man die Kurve als eine Reihe von Punkten, die Fläche als eine Reihe von Linien u. s. f. auffassen dürfe (also gegen Cavalieri). Jetzt erzeugt er in den ersten Vorlesungen dem gegenüber (also ganz wie Fabri) die Kurve durch Bewegung eines Punktes, die Fläche durch Bewegung einer Linie u. s. f. und findet den Übergang zur Flächenberechnung durch den Satz (Seite 10):

Aequali tempore peracta spatia sese habent ut velocitates; aequali perpetua velocitate transmissa spatia sese habent ut velocitates.

Das englische Jahr 1670 zählte damals vom 25. Mai 1670 bis 24. Mai 1671; wenn also das Buch von 1670 datiert ist, so könnte man wohl an eine direkte Entlehnung aus Fabri denken, wenn nicht dagegen spräche, daß das „Imprimatur" von 1669 datiert ist; der Druck des Fabri'schen Buches war am 17. Sept. 1669 vollendet. Es wird aber bei Barrow der obige Satz nicht so klar wie bei Fabri als neues Axiom hingestellt.

Es wird sodann die Methode der Indivisibeln erörtert und gegen Angriffe verteidigt (Seite 21 ff.). Die folgenden Lectiones behandeln die Kegelschnitte und einige andere Kurven.

Der Begriff unendlich kleiner Bögen und unendlich kleiner Größen ist Barrow durchaus geläufig (vgl. z. B. Seite 40, 81 und 105). Er wird insbesondere bei der Bestimmung der Tangente einer beliebigen algebraischen Kurve angewandt, die in Lectio X (S. 80 ff.) gegeben wird. Die Methode ist die heutige: Man setze $x + h$, $y + k$ an Stelle von x, y in die Gleichung der Kurve ein, vernachlässige alle höheren Potenzen von h und k und erhält so

---

vgl. die obige Fortsetzung des Textes). Das „Imprimatur" der Universitätsbehörden von Cambridge ist vom 22. März 1669 datiert. — Eine Büste Barrow's findet man im Poëts Corner in der Westminster Abtei; dort aber wird er nicht als Mathematiker, sondern als Philologe und Theologe gefeiert.

eine Gleichung zur Bestimmung des Verhältnisses der unendlich kleinen Größen k und h. Es ist merkwürdig, daß Barrow auf dieses für uns wichtigste Resultat seines Buches wenig Gewicht gelegt zu haben scheint; er sagt nämlich ausdrücklich, daß er nur auf Drängen seines Freundes (d. i. Newton) diese Methode in seine Vorlesungen aufgenommen habe. Dieselbe ist offenbar Barrow eigentümlich und nicht durch Newton beeinflußt, denn sie benutzt nicht das fließende Entstehen der Kurve.

Diese Darstellung stimmt für algebraische Kurven inhaltlich überein mit einer Stelle in dem Briefe von Leibniz an Oldenburg am 21. Juni 1677, der zur Mitteilung an Newton bestimmt war, und in dem Leibniz zum ersten Male eine klare Darlegung seiner Methode gegeben hat. Allerdings ging Leibniz sogleich bedeutend weiter, indem er auch irrationale Differentiale nach allgemeinen Regeln zu berechnen wußte.

Der Gedanke, Leibniz habe dies erste allgemeine Beispiel direkt aus dem Barrow'schen Buche geschöpft, liegt um so näher, als Oldenburg ihn in einem Briefe vom 10. Aug. 1670 auf die Lectiones von Barrow aufmerksam gemacht hat[1]) und als Leibniz in einem Briefe an Oldenburg vom 28. April 1673[2]) erwähnt, daß er Barrow's Lectiones opticas bei sich habe und studiert habe. So entsteht die Frage, ob es eine Ausgabe der Lectiones opticae ohne die Lectiones geometricae gab, die Leibniz damals benutzte. In seinem Nachlasse hat sich ein Band gefunden, der beide Vorlesungen enthält und in dem sich zahlreiche Randbemerkungen von Leibnizen's Hand befinden.

Ich hatte die Absicht, in Hannover das Leibniz'sche Exemplar selbst einzusehen; bevor ich dazu kam, hat Herr Mahnke a. a. O. eine ausführliche Nachricht über jenes Buch und über alle Ausgaben der Lectiones veröffentlicht.

Die Universitätsbibliothek von Göttingen besitzt ein Exemplar, das vom Jahre 1669 datiert ist und nur die optischen Vorlesungen enthält, trotzdem auf dem Titel auch die geometrischen angekündigt sind.

Die Universitätsbibliothek in Königsberg besitzt ein Exemplar, das von 1670 datiert ist und beide Vorlesungen in einem

---

[1]) Gerhardt, a. a. O. Bd. I, S. 42.
[2]) Vgl. a. a. O. S. 92.

Bande enthält, und ein zweites Exemplar, datiert von 1672, ebenfalls beide Vorlesungen enthaltend. In letzterem findet sich das oben erwähnte Imprimatur vom 21. März 1669, das in den anderen angeführten Ausgaben fehlt.

Die preußische Staatsbibliothek besitzt ein Exemplar, das beide Vorlesungen enthält und von 1675 datiert ist, als Anhang zu den von Barrow herausgegebenen Opera Archimedis, und ein zweites Exemplar, das mit dem zweiten Exemplare der Königsberger Bibliothek übereinstimmt, aber zwei dort fehlende Blätter (Seite 149—151) mit Zusätzen zu den Lectiones geometricae enthält; endlich ein drittes Exemplar, identisch mit dem zweiten, aber in zwei Bänden (Archimedis Opera und Barrow's Lectiones) gebunden, die Lectiones datiert von 1674.

Eine genaue Vergleichung dieser verschiedenen Ausgaben führte Herrn Mahnke zu dem Ergebnisse, daß die Lectiones zu Lebzeiten Barrow's nur einmal gedruckt sind. Das Buch hatte dreimal den Verleger gewechselt, und jedesmal wurde nur ein neues Titelblatt gedruckt, und 1674 wurden die erwähnten zwei Blätter mit Zusätzen hinzugefügt.

Das in der Münchener Staatsbibliothek vorhandene Exemplar ist mit dem zuletzt erwähnten Exemplar der preußischen Staatsbibliothek identisch. Das Buch hat die Besonderheit, daß das Blatt mit den Seiten 103 und 104 doppelt mit jedesmal verschiedenem Texte vorhanden ist; das eine gibt eine Verbesserung des andern.

Inzwischen hatte ich mich beim Trinity College in Cambridge, dem Barrow und Newton angehörten, nach den dort vorhandenen Ausgaben erkundigt. Der Bibliothekar, Herr Adams, gab mir (12.10.25) freundlichst folgende Auskunft. Es sind vorhanden:

1. Die Ausgabe von 1669 der optischen Vorlesungen, wie in dem Göttinger Exemplare, aber mit dem Imprimatur von 1668/9.
2. Die Ausgabe von 1670 der geometrischen Vorlesungen mit besonderem Titel. Beides in einem Bande, identisch mit dem ersten Königsberger Exemplare.
3. Die Ausgabe beider Vorlesungen von 1672, identisch mit dem zweiten Königsberger Exemplare.
4. Die geometrischen Vorlesungen allein; Ausgabe von 1672.
5. Beide Vorlesungen in einem Bande; Ausgabe von 1674, identisch mit dem zweiten Exemplare der Berliner Bibliothek.

Herr Adams bemerkt ebenfalls, daß sich die verschiedenen Ausgaben nur durch den Titel und die Namen der Verleger unterscheiden.

Wie Herr Mahnke ferner erwähnt, befindet sich nach Angabe des Herrn Child[1]) auf der Cambridger Universitätsbibliothek
ein Exemplar, das mit dem ersten Königsberger Exemplare übereinstimmt; nur der Name des Verlegers ist wieder anders.

Es geht hieraus hervor, daß eine gesonderte Ausgabe der
optischen Vorlesungen von 1669 ohne die geometrischen existiert
hat; es ist also möglich (wenn auch nach den Feststellungen
Mahnke's nicht wahrscheinlich), daß Leibniz 1673, als er den
Brief vom 28. April an Oldenburg schrieb, nur die optischen
Vorlesungen besaß, die er allein erwähnt, und die geometrischen
erst später kennen gelernt und dann die gemeinsame Ausgabe
beider für sich angeschafft habe. Diese Ausgabe stimmt mit dem
zweiten Königsberger Exemplare überein (Ausgabe von 1672).
Unterstreichungen und Randbemerkungen finden sich zahlreich in
den optischen Vorlesungen und in den geometrischen bis Seite 27
(Lectio III). Leibniz hat offenbar das Buch vorläufig nicht weiter
studiert, da es ihm nichts besonderes bieten konnte, und bis Lectio X, die am wichtigsten für ihn gewesen wäre, ist er nicht ge-
kommen. In späteren Teilen des Buches finden sich Randbemerkungen, in denen das Integralzeichen benutzt wird, die also nicht
vor 1675 geschrieben sein können[2]).

Hierdurch wird, wie Herr Mahnke mit Recht hervorhebt,
bestätigt, daß Leibniz völlig recht hatte, wenn er (Briefwechsel
mit Tschirnhausen, Brief an de l'Hopital vom Dezember 1694
und Brief an Conti vom 9. April 1716) bei Schilderung seines
Studienganges Barrow nicht unter denjenigen Mathematikern
nennt, von denen er Anregungen empfangen habe.

III. Die verbreitete Darstellung.

Durch die zu flüchtige Darstellung dieser Verhältnisse bei
Cantor, der offenbar das Buch von Fabri nicht genauer studiert

---

[1]) L. Child, The Early Mathematical Manuscripts of Leibniz, Chicago
and London 1920.

[2]) Vgl. auch Gerhardt, Die Entdeckung der höheren Analysis,
Halle 1855; S. 48.

hat, ist eine für den Charakter von Leibniz ungünstige Meinung
ziemlich allgemein verbreitet.

Cantor sagt über Fabri[1]): „Er kannte Cavalieri'sSchriften,
kannte sein Verfahren und veränderte es in nicht der Rede werten
Nebenumständen . . . . . Und mit diesem Fabri wird Newton
verglichen, wird mit ihm durch den Vergleich auf eine Linie
gestellt.

Fabri hat im Gegenteil nach Obigem etwas wesentliches zur
Begründung der Methode von Cavalieri hinzugefügt, und zwar
durch Betrachtung der Erzeugung geometrischer Figuren genau
so, wie es Newton (und vor ihm Barrow) in der Abhandlung
„De Quadratura" getan hat. Das hat Leibniz richtig bemerkt.
Daß Fabri und Newton dadurch auf gleiche Linie gestellt wurden, das besteht nur in der Phantasie der Freunde von Newton,
und auch Cantor's.

Ganz unbegreiflich ist Cantor's Behauptung, Leibniz „habe
sich später ausreden wollen". Leibniz hatte nicht nötig, sich
auszureden, und man braucht keine besondere „Seelenvorgänge"
bei Leibniz zu konstruieren, um den Bericht von 1705 über
Newton's Abhandlung zu erklären. Es war auch vollkommen
korrekt, wenn Leibniz später erklärte, dieser Bericht „habe jedem das Seine gegeben"; und der von Cantor über diese Äußerung
ausgesprochene Tadel (a. a. O. S. 293) ist nicht am Platze.

Die Nachforschungen des Herrn Mahnke im Nachlasse von
Leibniz haben alle Angaben von Leibniz als glaubwürdig nachgewiesen; es besteht deshalb keine Veranlassung seine Angabe
zu bezweifeln[2]), daß er die Besprechung der Newton'schen Arbeit im Jahre 1705 nicht verfaßt habe (1713 im Briefe an Ber-
noulli), während Cantor dies als eine Ausrede bezeichnet, „der
man kein Gewicht beizulegen habe".

---

[1]) Vorlesungen über Geschichte der Mathematik, Bd. 3, Seite 278;
Leipzig 1893.

[2]) Es spricht auch nicht dagegen, wenn in dem Leipziger Exemplar
der Acta Eruditorum der Name Leibniz an den Rand geschrieben ist; es
zeigt dies nur, daß der Schreiber dieser Notiz, Leibniz für den Verfasser
hielt. Auch Brewster sieht hierin keinen Beweis für die Autorschaft von
Leibniz.

Es ist bedauerlich, daß die Cantor'sche Darstellung in andere Werke übergegangen ist[1]), insbesondere in die weit verbreitete Geschichte der Philosophie von Kuno Fischer (Seite 106 der 5. Auflage und in der Anmerkung dazu Seite 741 von dem Herausgeber Kabitz). Nicht wundern kann man sich unter diesen Umständen, wenn in neueren englischen Darstellungen von Child, D. E. Smith und Sullivan immer wieder die alten Vorwürfe gegen Leibniz wiederholt werden, die Glaubwürdigkeit desselben angezweifelt, sein Charakter sogar in empörender Weise herabgesetzt wird (vgl. Mahnke a. a. O.).

Vielleicht lehnen sich diese englischen Darstellungen an die betreffenden Stellen in Brewster's Biographie Newtons an. Es heißt dort[2]):

„Da Fabri nicht der Erfinder der hier erwähnten Methode war, sondern sie von Cavalieri entlehnte und nur die Art des Ausdruckes änderte (während er nach Obigem etwas wesentliches hinzufügte), so ist nicht zu zweifeln, daß durch die in der obigen Stelle (der Rezension von 1705) enthaltene listige Andeutung beabsichtigt wurde (!), die Meinung ¡beizubringen, daß Newton seine Methode der Fluxionen von Leibniz entwendet habe. Der indirekte Charakter dieses Angriffes macht, anstatt seine Härte zu mildern, ihn doppelt gehässig . . . . . Wenn Leibniz der Verfasser der Kritik war, oder wenn er auf irgend eine Weise Teil daran hatte, so verdient er in vollem Maße den Tadel, der ihm von Newton's Freunden erteilt wurde". Im Folgenden wird der angebliche Angriff Leibnizen's wiederholt als plump, niederträchtig und hinterlistig bezeichnet (!).

Zeuthen verhält sich in seiner Geschichte der Mathematik im XVI. und XVII. Jahrhundert (Deutsche Ausgabe 1903) neutral und beschränkt sich auf die Mitteilung der chronologischen Tatsachen. In Bezug auf Barrow macht er nur Leibniz den Vorwurf, nicht sogleich die (von Barrow selbst nicht erkannte) Bedeutung seiner Tangentenbestimmung bei algebraischen Kurven erkannt zu haben. Fabri's Buch wird bei Zeuthen nicht erwähnt.

---

[1]) Düring versteigt sich in seiner Geschichte der Philosophie (Berlin 1869, S. 355) zu der Behauptung, daß die Plagiatfrage zu $^{99}/_{100}$ gegen Leibniz entschieden sei!

[2]) David Brewster, Sir Jsaak Newton's Leben, deutsch von Goldberg mit Anmerkungen von Brandes, Leipzig 1833; Seite 106 ff.

Inhalt.

Akademische Buchdruckerei F. Straub in München.

www.ingramcontent.com/pod-product-compliance
Lightning Source LLC
Chambersburg PA
CBHW031448180326
41458CB00002B/690